全国高职高专机械类"工学结合-双证制"人才培养"十二五"规划教材

# 计算机绘图——AutoCAD 2010

主　编　张　焕　何伟利　李笑勉

副主编　张燕琴　龚凌云　黎文龙

U0344959

华中科技大学出版社

中国·武汉

# 内 容 简 介

  本书以 AutoCAD 2010 中文版为蓝本,以"二维绘图基础——零件图——装配图——三维图"为编写主线,采用项目教学法,通过实例,结合教学需要编写而成。全书共分 9 个项目,主要内容有 AutoCAD 2010 的基础知识、二维图形绘制与编辑、三视图和剖视图的绘制、文字的标注与编辑、尺寸的标注与编辑、零件图的绘制、装配图的绘制、三维实体的绘制、图形输出、制图员国家职业资格标准等内容。在每章的后面都附有思考与练习题,学生可结合书中内容进行同步操作练习。

  本书按 40～60 学时编写,既可作为高职高专学校的计算机绘图课程教材,还可供从事计算机辅助设计与绘图的工程技术人员参考使用。

**图书在版编目(CIP)数据**

计算机绘图——AutoCAD 2010/张焕,何伟利,李笑勉主编.—武汉:华中科技大学出版社,2013.8

 ISBN 978-7-5609-8786-6

 Ⅰ.①计… Ⅱ.①张… ②何… ③李… Ⅲ.①AuotoCAD 软件-高等职业教育-教材
Ⅳ.①TP391.72

中国版本图书馆 CIP 数据核字(2013)第 069700 号

计算机绘图——AutoCAD 2010        张 焕 何伟利 李笑勉 主编

策划编辑:严育才
责任编辑:吴 晗
封面设计:范翠璇
责任校对:何 欢
责任监印:张正林
出版发行:华中科技大学出版社(中国·武汉)
    武昌喻家山   邮编:430074   电话:(027)81321913
录  排:华中科技大学惠友文印中心
印  刷:仙桃市新华印务有限责任公司
开  本:710mm×1000mm  1/16
印  张:11.25
字  数:240 千字
版  次:2016 年 9 月第 1 版第 2 次印刷
定  价:21.80 元

# 全国高职高专机械类"工学结合-双证制"人才培养"十二五"规划教材

# 编委会

# 序

目前我国正处在改革发展的关键阶段,深入贯彻落实科学发展观,全面建设小康社会,实现中华民族伟大复兴,必须大力提高国民素质,在继续发挥我国人力资源优势的同时,加快形成我国人才竞争比较优势,逐步实现由人力资源大国向人才强国的转变。

《国家中长期教育改革和发展规划纲要(2010—2020年)》提出:发展职业教育是推动经济发展、促进就业、改善民生、解决"三农"问题的重要途径,是缓解劳动力供求结构矛盾的关键环节,必须摆在更加突出的位置。职业教育要面向人人、面向社会,着力培养学生的职业道德、职业技能和就业创业能力。

高等职业教育是我国高等教育和职业教育的重要组成部分,在建设人力资源强国和高等教育强国的伟大进程中肩负着重要使命并具有不可替代的作用。自从1999年党中央、国务院提出大力发展高等职业教育以来,高等职业教育培养了大量高素质技能型专门人才,为加快我国工业化进程提供了重要的人力资源保障,为加快发展先进制造业、现代服务业和现代农业做出了积极贡献;高等职业教育紧密联系经济社会,积极推进校企合作、工学结合人才培养模式改革,办学水平不断提高。

"十一五"期间,在教育部的指导下,教育部高职高专机械设计制造类专业教学指导委员会根据《高职高专机械设计制造类专业教学指导委员会章程》,积极开展国家级精品课程评审推荐、机械设计与制造类专业规范(草案)和专业教学基本要求的制定等工作,积极参与了教育部全国职业技能大赛工作,先后承担了"产品部件的数控编程、加工与装配""数控机床装配、调试与维修""复杂部件造型、多轴联动编程与加工""机械部件创新设计与制造"等赛项的策划和组织工作,推进了双师队伍建设和课程改革,同时为工学结合的人才培养模式的探索和教学改革积累了经验。2010年,教育部高职高专机械设计制造类专业教学指导委员会数控分委会起草了《高等职业教育数控专业核心课程设置及教学计划指导书(草案)》,并面向部分高职高专院校进行了调研。2011年,根据各院校反馈的意见,教育部高职高专机械设计制造类专业教学指导委员会委托华中科技大学出版社联合国家示范(骨干)高职院校、部分重点高职院校、武汉华中数控股份有限公司和部分国家精品课程负责人、一批层次较高的高职院校教师组成编委会,组织编写全国高职高专机械设计制造类工学结合"十二五"规划系列教材,选用此系列教材的学校师生反映教材效果好。在此基础上,响应一些友好院校、老师的要求,以及教育部《关于全面提高高等职业教育教学质量的若干意见》(教高〔2006〕16号)中提出的要推行"双证书"制度,强化学生职业能力的培

I

养,使有职业资格证书专业的毕业生取得"双证书"的理念。2012 年,我们组织全国职教领域精英编写全国高职高专机械类"工学结合-双证制"人才培养"十二五"规划教材。

本套全国高职高专机械类"工学结合-双证制"人才培养"十二五"规划教材是各参与院校"十一五"期间国家级示范院校的建设经验以及校企结合的办学模式、工学结合及工学结合-双证制的人才培养模式改革成果的总结,也是各院校任务驱动、项目导向等教学做一体的教学模式改革的探索成果。

具体来说,本套规划教材力图达到以下特点。

(1)反映教改成果,接轨职业岗位要求　紧跟任务驱动、项目导向等教学做一体的教学改革步伐,反映高职机械设计制造类专业教改成果,注意满足企业岗位任职知识要求。

(2)紧跟教改,接轨"双证书"制度　紧跟教育部教学改革步伐,引领职业教育教材发展趋势,注重学业证书和职业资格证书相结合,提升学生的就业竞争力。

(3)紧扣技能考试大纲、直通认证考试　紧扣高等职业教育教学大纲和执业资格考试大纲和标准,随章节配套习题,全面覆盖知识点与考点,有效提高认证考试通过率。

(4)创新模式,理念先进　创新教材编写体例和内容编写模式,针对高职学生思维活跃的特点,体现"双证书"特色。

(5)突出技能,引导就业　注重实用性,以就业为导向,专业课围绕技术应用型人才的培养目标,强调突出技能、注重整体的原则,构建以技能培养为主线、相对独立的实践教学体系。充分体现理论与实践的结合,知识传授与能力、素质培养的结合。

当前,工学结合的人才培养模式和项目导向的教学模式改革还需要继续深化,体现工学结合特色的项目化教材的建设还是一个新生事物,处于探索之中。"工学结合-双证制"人才培养模式更处于探索阶段。随着本套教材投入教学使用和经过教学实践的检验,它将不断得到改进、完善和提高,为我国现代职业教育体系的建设和高素质技能型人才的培养作出积极贡献。

谨为之序。

全国机械职业教育教学指导委员会副主任委员
国家数控系统技术工程研究中心主任
华中科技大学教授、博士生导师　陈吉红

2013 年 2 月

# 前　言

　　本书以 AutoCAD 2010 中文版为蓝本,以"二维绘图基础——零件图——装配图——三维图"为编写主线,采用项目教学法,通过实例,结合教学需要编写而成。

　　本书内容由浅入深逐步展开,所有项目均以制图的内容为载体,以加强学生对工程制图概念的理解。全书共分 9 个项目,主要内容有 AutoCAD 的基础知识、二维图形绘制与编辑、三视图和剖视图的绘制、文字的标注与编辑、尺寸的标注与编辑、零件图与装配图的绘制、三维实体的绘制、图形输出、制图员国家职业资格标准等内容等。在每个项目后面都附有思考与练习题,学生可结合书中内容进行同步操作练习。本书结构合理,内容丰富,叙述清晰,实用性强。

　　本书为全国高职高专机械类"工学结合-双证制"人才培养"十二五"规划教材,具有以下特点。

　　(1)通过实例进行讲解,注重基本绘图技能的培养,使学生逐步掌握绘图方法及设计思想。在内容安排上;不仅考虑由易到难,还考虑到学生的学习规律及操作命令的使用情况。

　　(2)结合了标准件、零件图、装配图的绘制,这样便于与"工程图学(工程制图)"的教学内容紧密结合,即使本课程是一门单独的课程,也可以起到在这里复习一下"工程图学"有关内容的作用。

　　(3)紧密围绕高职高专的培养目标,满足学生的可持续发展。本书内容和结构体系均体现高职高专特色。

　　(4)每个项目都配有一定数量的思考题和上机练习题,针对性强,可帮助学生进一步巩固所学知识。

　　(5)附录提供了制图员国家职业标准及国家职业技能鉴定统一考试《计算机绘图》测试试卷,使学生的课程学习与技能证书的获得紧密结合。

　　本书可作为大专院校、职业技术学校及计算机绘图培训班相应课程的教材,也可作为从事 CAD 工作的设计人员的参考书。

　　本书由张焕、何伟利、李笑勉任主编,张燕琴、龚凌云、黎文龙任副主编。张焕编写项目一、八及附录,何伟利编写项目三、四,李笑勉编写项目六、七,张燕琴编写项目五,龚凌云编写项目九、黎文龙编写项目二。全书由张焕负责统稿、定稿。

编　者

**2013 年 3 月**

# 目　　录

# 项目一　AutoCAD 的基本知识

【学习目标】

（1）熟悉 AutoCAD 工作界面的各项内容。

（2）掌握多个图形文件的处理方法。

（3）掌握绘图环境的设置。

【知识要点】

（1）根据需要定制 AutoCAD 的界面。

（2）对图形文件进行有效管理。

（3）根据需要设置绘图环境。

AutoCAD 是由美国 Autodesk 公司于 20 世纪 80 年代初为在计算机上应用 CAD 技术而开发的绘图程序软件包，经过不断的完善，现已成为强有力的绘图工具，并在国际上广为流行。

AutoCAD 可以绘制任意二维和三维图形，它与传统的手工绘图相比，绘图速度更快，精度更高，且便于修改，已经在航空航天、造船、建筑、机械、电子、化工、轻纺等很多领域得到了广泛应用。

AutoCAD 具有良好的用户界面，智能化多文档设计环境，通过其交互式菜单可以进行各种操作。AutoCAD 让非计算机专业的工程技术人员也能够很快地学会使用，并在不断的实践中更好地理解它的各种特性和功能，掌握它的各种应用和开发技巧，从而不断提高工作效率。

## 任务一　AutoCAD 的工作界面

启动 AutoCAD 2010 后，初始界面如图 1-1 所示。主要由标题栏、菜单栏、功能区、工具栏、绘图区、命令窗口、状态栏等组成。

AutoCAD 提供了"二维草图与注释"、"三维建模"、"AutoCAD 经典"三种模式的工作界面，分别适应不同的工作要求，可根据需要对工作界面进行定制。在状态栏中单击"切换工作空间"按钮，在弹出的菜单中选择相应命令即可。图 1-2 所示的是"二维草图与注释"工作空间，其界面主要由菜单浏览器按钮、功能区选项板、快速访

应用程序　快速访问　功能区　　功能区　标题栏　　　　信息中心
按钮　　　工具栏　选项卡　　面板

绘图区

坐标　布局选项卡　命令窗口　　　　状态栏

图 1-1　AutoCAD 2010 初始界面

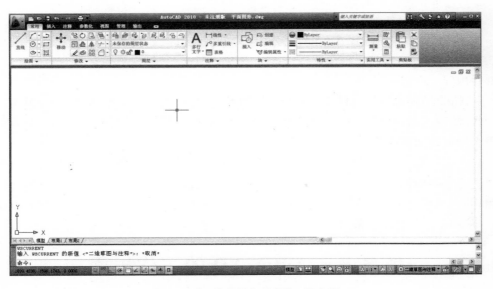

图 1-2　"二维草图与注释"工作空间

问工具栏、文本窗口与命令行、状态栏等组成。在此空间中，可以使用"绘图"、"修改"、"图层"、"注释"、"块"、"特性"等面板提供的命令绘制平面图形。

图 1-3 所示的是"三维建模"工作空间，在此空间工具选项板主要有"三维建模"、"视觉样式"、"光源"、"材质"、"渲染"和"导航"等面板，为绘制三维图形、观察图形、创建动画、设置光源、三维对象附材质等操作提供了便利的绘图环境。

**图 1-3 "三维建模"工作空间**

图 1-4 所示的是"AutoCAD 经典"工作空间,此空间主要由菜单浏览器、快速访问工具栏、菜单栏、文本窗口与命令行、状态栏等组成。由于 AutoCAD 2010 引入了一种新的用户界面,老用户感觉不习惯,可以选择在此空间绘图。

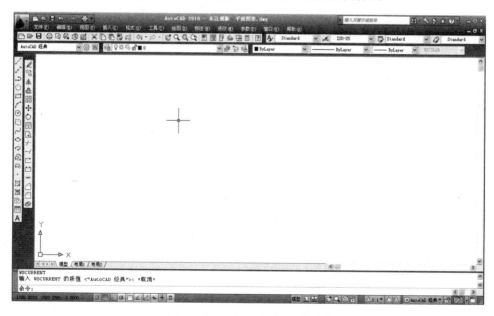

**图 1-4 "AutoCAD 经典"工作空间**

# 任务二　AutoCAD 的文件管理

AutoCAD 中图形文件的管理包括新建图形文件、打开图形文件和保存图形文件等操作。

## 一、新建图形文件

单击 应用程序按钮(也称菜单浏览器),选择"新建"→"图形"后,弹出如图 1-5 所示的"选择样板"对话框。在 AutoCAD 给出的样板文件名称列表框中,双击选择的样板文件,即可以该文件为样板创建新的图形文件。

**图 1-5　"选择样板"对话框**

## 二、打开图形文件

单击 应用程序按钮,选择"打开"→"图形",或快速访问工具栏的按钮 ，弹出如图 1-6 所示的"选择文件"对话框。指定要打开的图形文件存在的路径,双击要打开的图形文件名,即可打开指定图形文件。

## 三、保存图形文件

单击 应用程序按钮,选择"保存"命令,或单击工具栏的 按钮,当前已命名

**图 1-6　"选择文件"对话框**

的图形文件被直接保存；如果当前文件从未保存过，则弹出如图 1-7 所示的"图形另存为"对话框，指定文件保存路径和名称，则图形文件被保存。

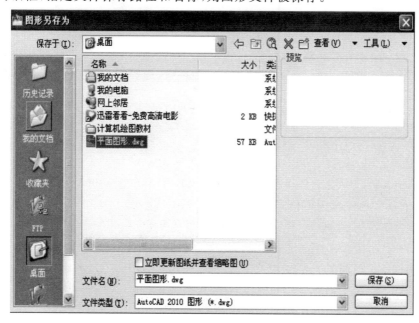

**图 1-7　"图形另存为"对话框**

# 任务三　设置绘图环境

在 AutoCAD 中绘图要求按照 1:1 进行绘图,为提高绘图效率,需要对绘图环境进行设置。

## 一、设置绘图单位

在"AutoCAD 经典"工作空间,单击"格式"下拉菜单,选择"单位",弹出如图 1-8 所示的"图形单位"对话框。例如设置长度类型和精度的方法为:将长度单位的精度由 4 位改为 2 位,单击"确定"。单击"图形单位"对话框中的"方向(D)…"按钮,弹出如图 1-9 所示"方向控制"对话框,可设置角度测量的起始方向。

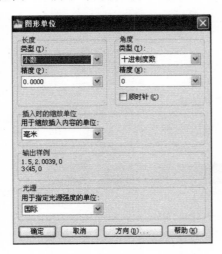

图 1-8　"图形单位"对话框

图 1-9　"方向控制"对话框

## 二、设置图幅

在 AutoCAD 中绘图必须参照国家标准 GB/T 14665—1998 来设置图纸的幅面尺寸,图纸幅面尺寸及图框格式见表 1-1。

表 1-1　图纸幅面尺寸及图框格式　　　　　mm

| 幅面代号 | A0 | A1 | A2 | A3 | A4 |
|---|---|---|---|---|---|
| $B \times L$ | 841×1189 | 594×841 | 420×594 | 297×420 | 210×297 |
| a | 25 | | | | |
| c | 10 | | | 5 | |
| e | 20 | | 10 | | |

在"AutoCAD 经典"工作空间,单击"格式"下拉菜单,选择"图形界限"或在命令行中输入"limits"命令,命令行显示如下。

指定左下角点或[开(ON)/关(OFF)]<0.0000,0.0000>://左下角点默认标值0,0

指定右上角点<420.0000,297.0000>:297,210    //坐标值

命令:z    //ZOOM 缩放命令

指定窗口角点,输入比例因子(nX 或 nXP),或

[全部(A)/中心点(C)/动态(D)/范围(E)/上一个(P)/

比例(S)/窗口(W)]<实时>:a    //全图缩放

将图幅设置为 A4 标准图纸,使用 ZOOM 缩放命令"全部(A)"在当前屏幕内显示全部图形界限并且居中。

注意:[开(ON)/关(OFF)]是控制打开图形界限或者关闭图形界限检查,选择开(ON)时,用户只能在设定的图形界限内绘图,当用户绘制的图形超出图形界限时,AutoCAD 2010 将给出提示并拒绝执行命令。

## 三、设置绘图区的颜色

在"AutoCAD 经典"工作空间,单击"工具"下拉菜单,选择"选项…",弹出如图1-10 所示"选项"对话框,选择"显示"选项卡,单击"窗口元素"中的"颜色…"按钮,弹

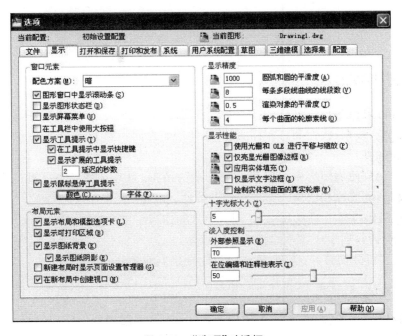

图 1-10 "选项"对话框

出如图 1-11 所示的"图形窗口颜色"对话框,在颜色下拉列表中选择自己定制的颜色,单击"应用并关闭"按钮即可。

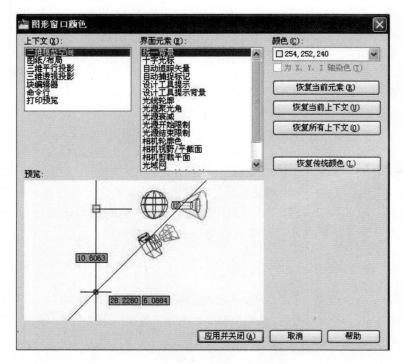

图 1-11　"图形窗口颜色"对话框

## 四、设置图层

图层可以看成是没有厚度的透明纸,各层之间的坐标基点完全对齐,将具有相同特性(如颜色、线型、线宽和打印样式)的实体绘制在同一层上,各个图层组合起来,形成一个完整的图形。

AutoCAD 使用图层来管理和控制复杂的图形,可以节省绘图工作量与存储空间,便于图形的修改和编辑。图层有如下特性。

① 图层数及层上对象数均无限制,但只能在当前层上绘图。

② 0 层为自动生成,不可删除。

③ 各层可分别打开、关闭、冻结、解冻、锁定与解锁。

单击"图层工具栏" 上的"图层特性管理器"按钮 ,弹出如图 1-12 所示的"图层特性管理器"对话框,单击"新建" 按钮,即可创建新图层。此时可命名新图层名称、改变图层颜色、改变图层线型、改变图层线宽等操作。推荐一组绘制工程图时常用的线型：实线（CONTINUOUS）、虚线（DASHED）、点画线（CENTER）、双点画线（PHANTOM）。

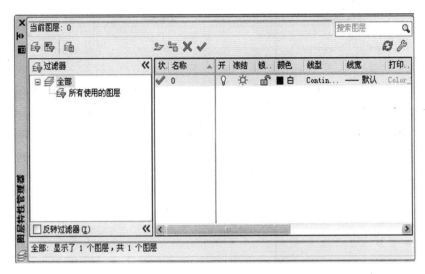

**图 1-12　"图层特性管理器"对话框**

一个图层只能画一种线型、赋予一种颜色和一种线宽，所以要画多种线型就要设多个图层。这些图层就像几张重叠在一起的透明纸，构成一张完整的图样，将来在用绘图仪输出图时，AutoCAD 可按赋予图层的线宽，实现粗细分明的效果。

用 AutoCAD 绘图时，需要图层时，只需按上述方法，创建图层名，然后设置该图层的线型、颜色和线宽。画哪一种线，就把哪一图层设为当前图层。还可根据需要进行开/关、冻结/解冻或锁定/解锁定，为绘图提供方便。

**【项目总结】**

通过本项目的学习，熟悉 AutoCAD 工作界面的各项内容，能对图形文件进行有效管理，会根据需要设置绘图环境。

**【思考与上机操作】**

1. 熟悉 AutoCAD 2010 的工作界面。
2. 熟练掌握图形文件的新建、打开和保存操作。
3. 熟练掌握设置绘图单位。
4. 熟练掌握设置绘图界限。
5. 新建一图形文件，设置绘图范围 420×297，按下列要求建立图层。

| 层名 | 颜色 | 线型 | 线宽 | 存放内容 |
| --- | --- | --- | --- | --- |
| 图幅 | 白 | 实线 | 0.5 | 图框、标题栏 |
| 中心线 | 红 | 点画线 | 0.2 | 中心线 |

续表

| 层名 | 颜色 | 线型 | 线宽 | 存放内容 |
|------|------|------|------|----------|
| 轮廓 | 黑 | 实线 | 0.5 | 轮廓线 |
| 剖面 | 绿 | 实线 | 缺省 | 剖面线 |
| 标注 | 黄 | 实线 | 缺省 | 尺寸标注 |
| 文字 | 紫 | 实线 | 缺省 | 文字 |
| 辅助线 | 蓝 | 实线 | 缺省 | 帮助绘图用辅助线 |
| 其他 | 白 | 实线 | 缺省 | 其他 |

# 项目二　二维图形的绘制与编辑

【学习目标】
（1）能够熟练使用二维绘图命令进行二维图形绘制。
（2）能够熟练使用二维图形编辑功能进行二维图形编辑操作。
（3）能够使用二维绘图命令及编辑功能绘制复杂平面图形及组合体图形。

【知识要点】
（1）二维绘图命令及编辑命令的用法。
（2）二维图形分析及绘图技巧。
（3）绘制二维零件图的步骤和方法。

## 任务一　简单平面图形的绘制

AutoCAD 2010 提供了丰富的绘图及编辑命令，如直线、圆及圆弧、椭圆及椭圆弧、正多边形、矩形、移动、复制、偏移、阵列、修剪等命令。利用这些命令可以绘制简单平面图形、复杂平面图形、组合图形等，如图框标题栏、五角星、手柄、吊钩、底板等典型零件的绘制。掌握这些命令的使用，可以帮助大家合理构造与组织图形，提高绘图效率，简化绘图操作，保证绘图准确度，减少绘图工作量。

### 一、图框标题栏的绘制

如图 2-1 所示，以 A4 横放图纸为例，介绍如何绘制图框及标题栏。图框尺寸和标题栏尺寸分别如图 2-2、图 2-3 所示。

#### 1. 图框绘制

单击工具图标 ▱ 或在命令行输入"REC"，启动矩形命令，绘制 297×210（长×宽）的矩形。对绘制好的矩形进行分解，单击工具图标 ▱ 或在命令行输入"X"，启动分解命令，对绘制好的图形进行分解，结果如图 2-4 所示。

单击工具图标 ▱ 或在命令行输入"O"启动偏移命令，绘制边框及装订线；然后单击工具图标 ⊬ 或在命令行输入"TR"启动修剪命令，修剪多余的线。结果如图 2-5 所示。

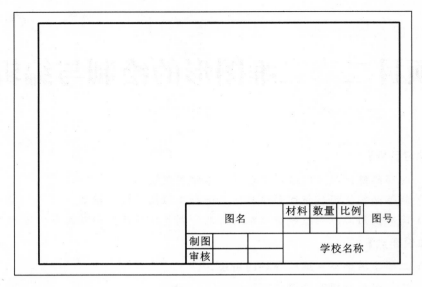

图 2-1　A4 横放图纸

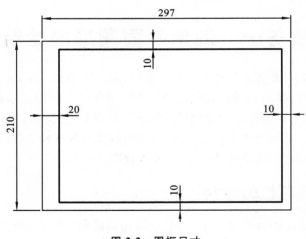

图 2-2　图框尺寸

## 2．标题栏绘制

单击工具图标 ✏ 或在命令行输入"L"启动直线命令，绘制 140 mm×28 mm（长×宽）的长方形，结果如图 2-6 所示。

单击工具图标 ⬛ 或在命令行输入"O"启动偏移命令，绘制表格，结果如图 2-7 所示。

单击工具图标 ✂ 或在命令行输入"TR"启动修剪命令，绘制表格，结果如图 2-8 所示。

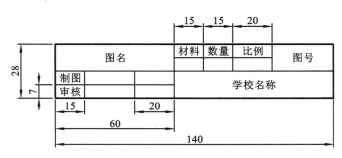

| 图名 | | 材料 | 数量 | 比例 | 图号 |
|---|---|---|---|---|---|
| 制图 | | 学校名称 | | | |
| 审核 | | | | | |

图 2-3　标题栏尺寸

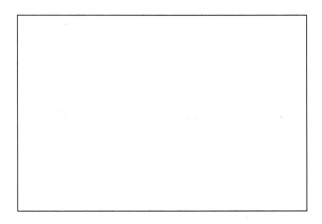

图 2-4　绘制图形界限

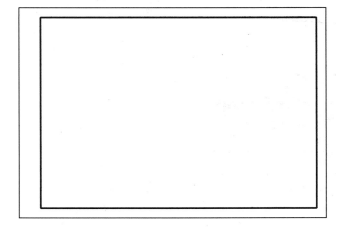

图 2-5　绘制图框

单击工具图标 **A** 或在命令行输入"T",启动文本命令,制作文本,结果如图 2-9 所示。

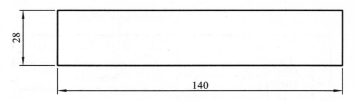

图 2-6 绘制标题栏外框线

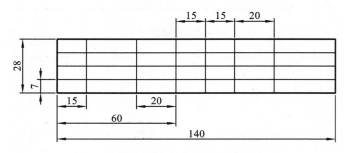

图 2-7 绘制标题栏内框线

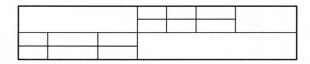

图 2-8 修剪绘制的表格

| 图名 | | | 材料 | 数量 | 比例 | 图号 | |
|---|---|---|---|---|---|---|---|
| 制图 | | | | 学校名称 | | | |
| 审核 | | | | | | | |

图 2-9 制作标题栏文本

单击工具图标 ✛ 或在命令行输入"M"启动移动命令,把标题栏移动到图框的合理位置,结果如图 2-10 所示。

## 二、五角星绘制

绘制如图 2-11 所示五角星的操作步骤如下。

(1)单击工具图标 ⊙ 或在命令行输入"C"启动圆命令,绘制半径为 $R40$ 的圆,结果如图 2-12 所示。

(2)在命令行输入"DIV"启动等分命令,把圆等分成五段,如图 2-13 所示。

(3)用直线命令连接各点并修剪,如图 2-14 所示。

(4)单击工具图标 ↻ 或在命令行输入"RO"启动旋转命令,对五角星旋转 18°,

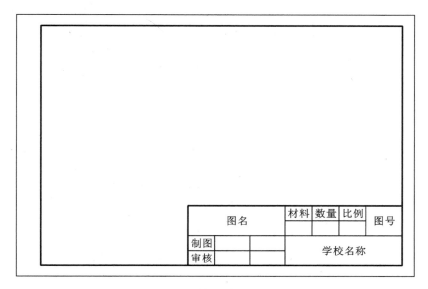

| 图名 | | 材料 | 数量 | 比例 | 图号 |
|---|---|---|---|---|---|
| | | | | | |
| 制图 | | | 学校名称 | | |
| 审核 | | | | | |

图 2-10　将标题栏移入图框

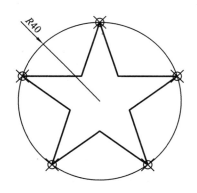

图 2-11　绘制五角星

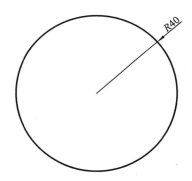

图 2-12　绘制外接圆

如图 2-15 所示。

## 三、斜度与锥度的绘制

### 1. 斜度绘制

绘制如图 2-16 所示斜度的操作步骤如下。

（1）单击工具图标 / 或在命令行输入"L"启动直线命令，绘制三条直线，保证其中一条垂直线为3.5，结果如图 2-17 所示。

（2）单击工具图标 ↻ 或在命令行输入"RO"启

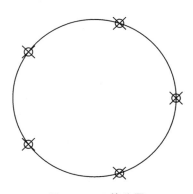

图 2-13　五等分圆

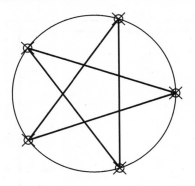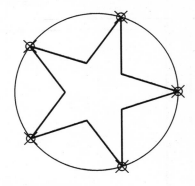

图 2-14　将五个等分点用直线连接

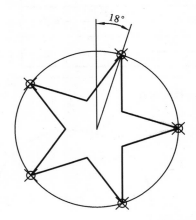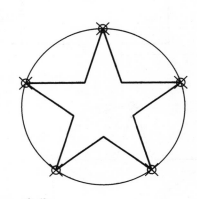

图 2-15　旋转五角星

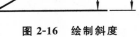

图 2-16　绘制斜度

图 2-17　绘制直线

动旋转命令,旋转角度为 60°,结果如图 2-18 所示。

(3) 单击工具图标 ✔ 或在命令行输入"TR"启动修剪命令,对图形多余的直线进行修剪和删除,结果如图 2-19 所示。

2. 锥度绘制

绘制如图 2-20 所示锥度的操作步骤如下。

(1) 单击工具图标 ✔ 或在命令行输入"L"启动直线命令,绘制两条直线,结果如图 2-21 所示。

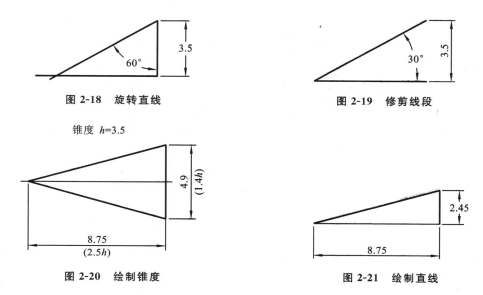

图 2-18　旋转直线　　　　　　　　　　图 2-19　修剪线段

锥度 $h$=3.5

图 2-20　绘制锥度　　　　　　　　　　图 2-21　绘制直线

（2）单击工具图标 或在命令行输入"MI"，启动镜像命令，对上一步绘制的两条直线进行镜像，镜像轴选水平线，结果如图 2-22 所示。

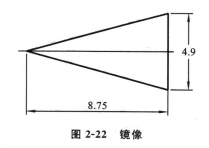

图 2-22　镜像

# 任务二　复杂平面图形的绘制

## 一、手柄的绘制

绘制如图 2-23 所示手柄的操作步骤如下。

（1）用直线和偏移命令对图形进行布局，结果如图 2-24 所示。

（2）用直线和圆命令绘制一条直线和三个圆，结果如图 2-25 所示。

（3）画 $R64$ 的圆，用偏移命令偏移出 23、64 两个间距，再用圆命令以 $R11$ 的圆心为圆心绘制 $R53$ 的圆，找到 $R64$ 的圆和偏距 64 的交点，绘制 $R64$ 的圆，结果如图 2-26所示。

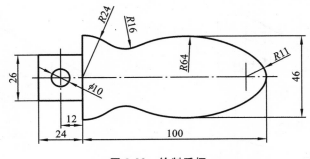

图 2-23　绘制手柄

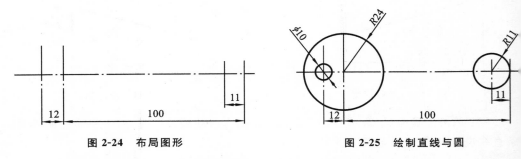

图 2-24　布局图形　　　　　　　　　　图 2-25　绘制直线与圆

（4）修剪和倒 $R16$ 的圆角，用修剪命令对上一步不需要的辅助线进行删除和修剪，再用圆角命令倒出 $R16$ 的圆角，结果如图 2-27 所示。

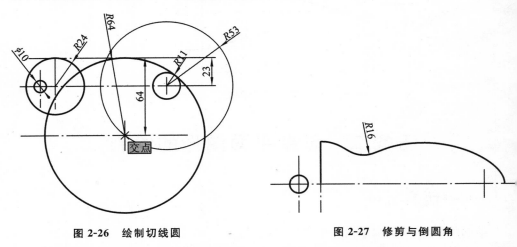

图 2-26　绘制切线圆　　　　　　　　　图 2-27　修剪与倒圆角

（5）绘制图形左边的两条线，用直线命令绘制长度为 24、13 的两条直线，结果如图 2-28 所示。

（6）镜像图形，单击工具图标 ![mirror] 或在命令行输入"MI"启动镜像命令，对上一步已画好的图形进行镜像，结果如图 2-29 所示。

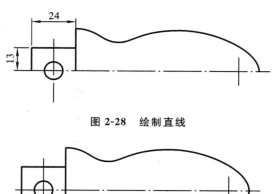

图 2-28 绘制直线

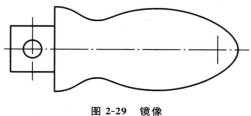

图 2-29 镜像

## 二、吊钩的绘制

绘制如图 2-30 所示吊钩的操作步骤如下。

（1）用直线和偏移命令对图形进行布局，结果如图 2-31 所示。

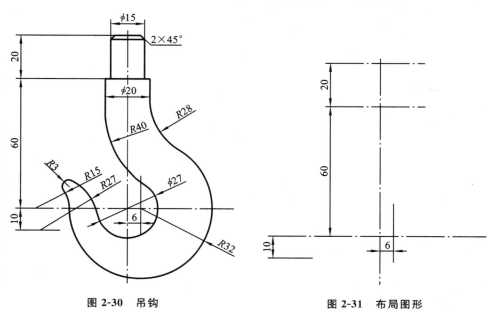

图 2-30 吊钩　　　　　　　　　　图 2-31 布局图形

（2）用圆的命令绘制 R32 和 R13.5 的圆，结果如图 2-32 所示。

（3）画 R27 的圆，以 R14 的圆心为圆心绘制一个 R41 的圆，再以 R41 的圆和偏距 10 的交点绘制 R27 的圆，结果如图 2-33 所示。

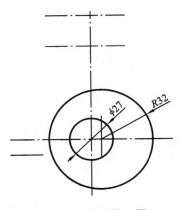

图 2-32　绘制偏心圆

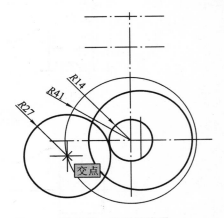

图 2-33　绘制切线圆

（4）绘制 $R15$ 的圆，以 $R32$ 的圆心为圆心绘制一个 $R47$ 的圆，再以 $R47$ 的圆和水平中心的交点绘制 $R15$ 的圆，结果如图 2-34 所示。

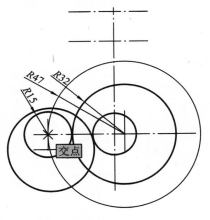

图 2-34　绘制 $R15$ 圆

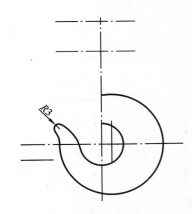

图 2-35　倒角并修剪

（5）倒 $R3$ 的圆角并修剪，用圆角命令倒 $R3$ 的圆角，并用修剪命令图图形进行修剪，结果如图 2-35 所示。

（6）绘制直线并镜像，用直线和镜像绘制钩子手柄位置，结果如图 2-36 所示。

（7）倒圆角与倒角，用倒圆角命令分别倒 $R28$ 和 $R40$ 的圆角。单击工具图标

或在命令行输入"CHA"启动倒角命令，输入"D"回车，设置倒角距离为 2 对手柄位置进行倒角处理，结果如图 2-37 所示。

## 三、复杂图形绘制

绘制如图 2-38 所示复杂图形的操作步骤如下。

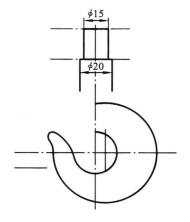

图 2-36　绘制吊钩手柄

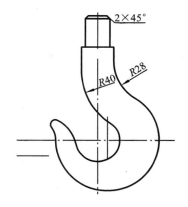

图 2-37　倒圆角与倒角

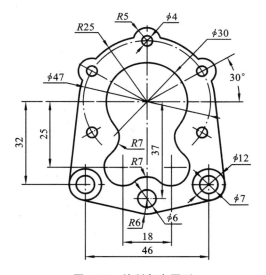

图 2-38　绘制复杂图形

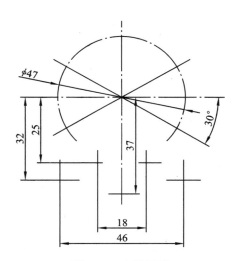

图 2-39　布局图形

（1）用直线、偏移、圆命令对图形进行布局，结果如图 2-39 所示。

（2）用圆的命令绘制每个点位的圆，结果如图 2-40 所示。

（3）作切线，在作切线捕捉切点时可以输入"TAN"捕捉切点，结果如图 2-41 所示。

（4）用修剪命令修剪多余的绘图线，结果如图 2-42 所示。

（5）用倒圆角命令倒 R7 的圆角并用修剪命令进行修剪，结果如图 2-43 所示。

（6）单击工具图标 或在命令行输入"AR"启动阵列命令，参数设置如图 2-44 所示，阵列结果如图 2-45 所示。

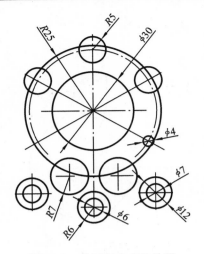

图 2-40　绘制每个点位的圆

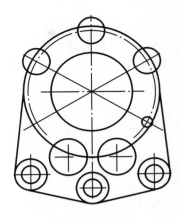

图 2-41　作切线

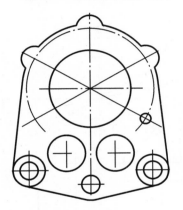

图 2-42　修剪

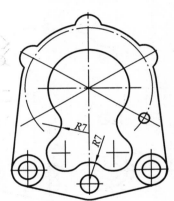

图 2-43　作切弧

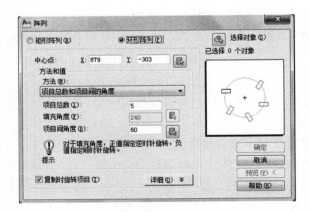

图 2-44　阵列

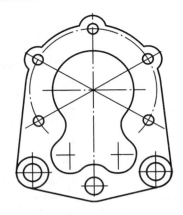

图 2-45 阵列结果

# 任务三　组合平面图形的绘制

## 一、底板的绘制

绘制如图 2-46 所示底板的步骤如下。

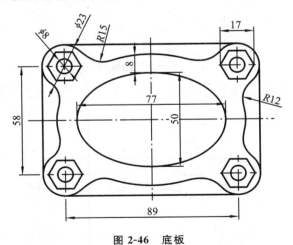

图 2-46 底板

（1）用直线、偏移命令对图形进行布局,结果如图 2-47 所示。

（2）用圆的命令绘制每个点位的圆并用直线命令绘制 4 根切线,结果如图 2-48 所示。

（3）单击工具图标  或在命令行输入"EL",启动圆心椭圆命令,以两根中心线的交点为椭圆圆心绘制一个长轴 77,短轴 50 的椭圆,然后用偏移命令偏移一个偏距为 10 的椭圆,结果如图 2-49 所示。

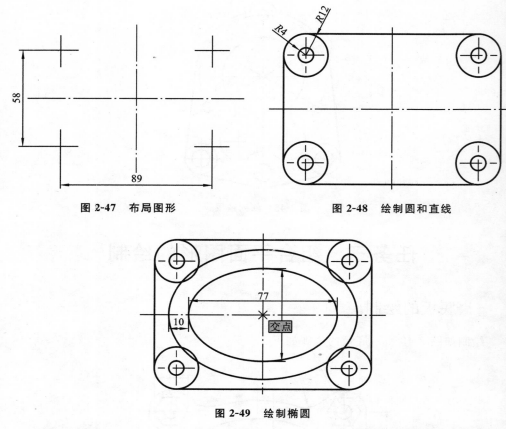

图 2-47　布局图形　　　　　　　　　图 2-48　绘制圆和直线

图 2-49　绘制椭圆

（4）用圆角命令倒出 $R15$ 的圆角并用修剪命令修剪多余的绘图线,结果如图2-50所示。

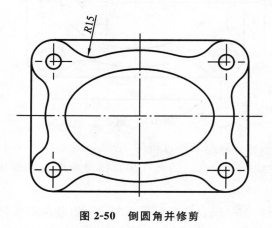

图 2-50　倒圆角并修剪

（5）单击工具图标 ⬠ 或在命令行输入"POL",启动多边形命令,输入边数"6",

指定一个中心点,输入内接圆,内接圆半径为 8.5,结果如图 2-51 所示。

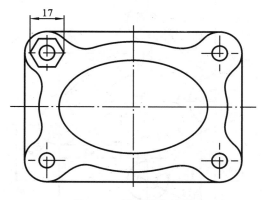

图 2-51　绘制正多边形

（6）单击工具图标 或在命令行输入"CO"启动复制命令,选择对象,指定基点为圆心,复制四个六边形,结果如图 2-52 所示。

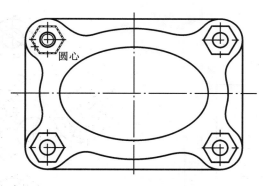

图 2-52　复制六边形

## 二、组合平面图形的绘制

绘制图 2-53 所示组合平面图形的步骤如下。

（1）用直线、偏移命令对图形进行布局,结果如图 2-54 所示。

（2）用圆的命令绘制每个点位的圆,结果如图 2-55 所示。

（3）用倒圆角命令绘制 3 条相切弧,结果如图 2-56 所示。

（4）用直线命令绘制切线并倒圆角,然后用修剪命令修剪多余的绘图线,结果如图 2-57 所示。

（5）用圆的命令,输入"T",调用"相切、相切、半径"命令画圆,作 $R21$ 和 $R36$ 的切弧,结果如图 2-58 所示。

（6）用偏移和直线命令绘制 5 的加强筋,结果如图 2-59 所示。

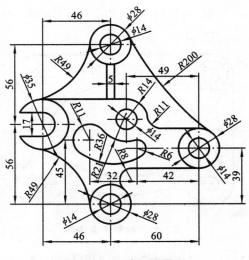

**图 2-53 组合平面图形**

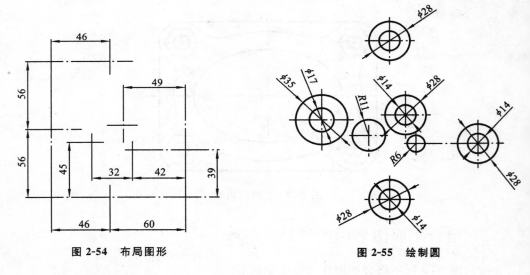

**图 2-54 布局图形**                    **图 2-55 绘制圆**

**【项目总结】**

通过本项目的学习,了解了二维绘图命令及编辑命令的功能,掌握了各绘图命令、编辑命令的使用方法、使用技巧以及简单二维图、复杂二维图的绘制步骤和方法。要达到更熟练的水平,读者还需进行更多的练习和强化。

**【思考与上机操作】**

1. 复制和镜像命令有什么区别?

2. 绘图前进行图形分析、布局有什么好处?

3. 如何正确使用格式刷功能改变图形属性?

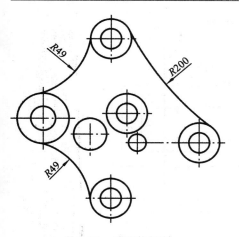

图 2-56　绘制相切弧

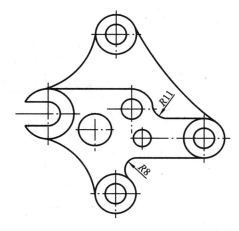

图 2-57　倒圆角

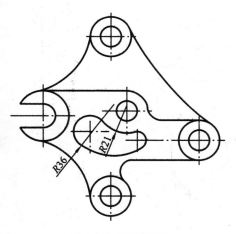

图 2-58　绘制切弧

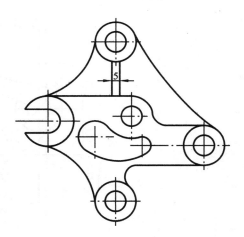

图 2-59　绘制加强筋

4. 在计算机上绘制如图 2-60 至图 2-80 所示的图形。

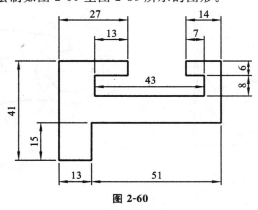

图 2-60

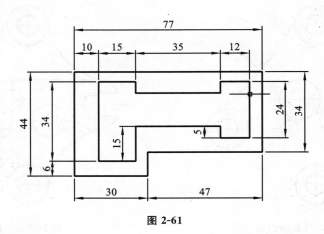

图 2-61

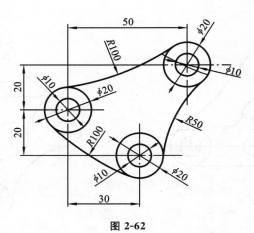

图 2-62

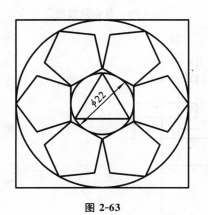

图 2-63

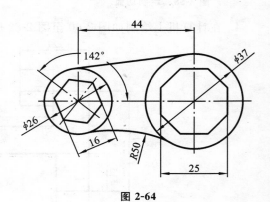

图 2-64

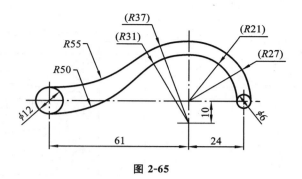

图 2-65

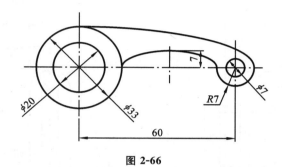

图 2-66

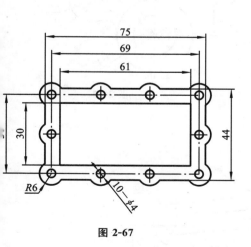

图 2-67

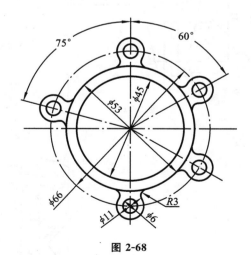

图 2-68

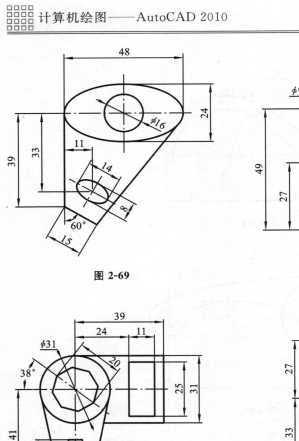

图 2-69

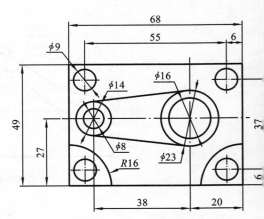

图 2-70

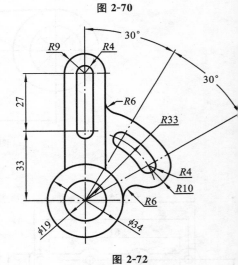

图 2-71

图 2-72

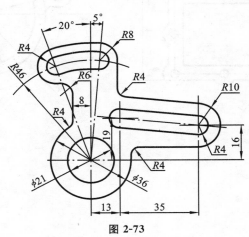

图 2-73

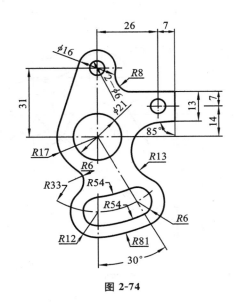

图 2-74

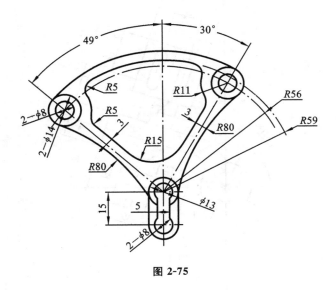

图 2-75

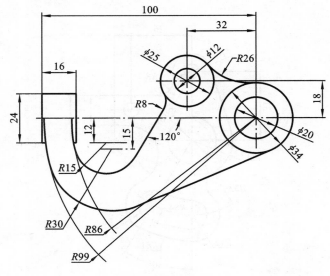

图 2-76

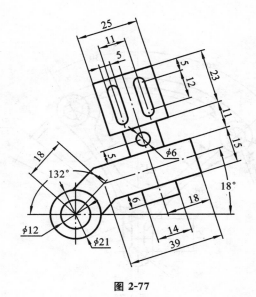

图 2-77

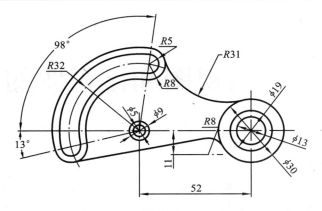

图 2-78

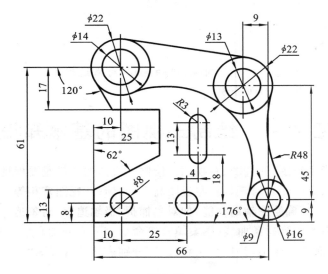

图 2-79

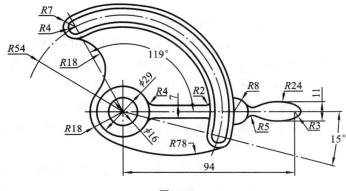

图 2-80

# 项目三  三视图和剖视图的绘制

【学习目标】

(1) 掌握绘制三视图和剖视图的绘图步骤、方法和技能。

(2) 掌握、利用对象捕捉、极轴追踪、对象追踪的方法,贯彻"长对正、高平齐、宽相等"的投影规律画三视图,做到投影正确,绘图精确。

(3) 掌握绘制左视图获取宽度尺寸的方法。

【知识要点】

(1) 精确绘图辅助功能:对象捕捉、极轴追踪、对象追踪。

(2) 绘制样条曲线、剖面符号。

## 任务一  绘制三视图的基本知识

三视图是指主视图、俯视图、左视图。绘制三视图的关键是要保证三视图之间的对正关系,即主、俯视图长对正,主、左视图高平齐,俯、左视图宽相等。为此需要使用 AutoCAD 提供的精确绘图辅助功能,如对象捕捉、极轴追踪、对象追踪等。当三视图中有剖视图时需要用到样条曲线、图案填充等命令。下面分别介绍一下这些知识。

说明:在下面的叙述中,符号"→"和"↙",分别表达的含义为"下一步"和"回车"。

### 一、对象捕捉

这里的"对象"是指图线上的一些特征点,如端点、中点、圆心、切点等。

对象捕捉是点的一种输入方式,在命令行提示输入点时,光标靠近特征点,当出现特征点标记时单击鼠标左键,光标就会被"磁吸"到该点上,确保绘图的准确性。

AutoCAD 有两种对象捕捉方式:一次性捕捉和长效捕捉。

#### 1. 一次性捕捉(单点捕捉)

一次性捕捉是指每次只能选择一个特征点,并仅能使用一次。启用一次性捕捉的方式如下。

(1) 按住"Shift"(或者"Ctrl")+鼠标右键,在弹出的"对象捕捉"快捷菜单上选择所需的特征点,到图线上单击所要的点即可。

(2) 调用"对象捕捉"工具栏上的对象捕捉按钮。

（3）用键盘输入对象捕捉名称，如端点 end，中点 mid、圆心 cen 等。

## 2.长效捕捉（自动捕捉）

在绘图过程中，使用对象捕捉的频率非常高，一次性捕捉虽然捕捉确切，但用一次选一次的操作比较烦琐。为此 AutoCAD 提供了长效捕捉的方式，这就是预设置对象的自动捕捉方式。用户可以一次预设多种要捕捉的特征点，使用时可反复捕捉，无次数限制。

注意：自动捕捉时，当光标放在一个对象上时，系统会自动捕捉附近所有符合条件的几何特征点，并显示相应的标记。虽然用户可以一次选择多种捕捉方式，但自动捕捉类型设置不宜过多，因为邻近的对象上可能会同时捕捉到多个捕捉类型且相互干扰，因此最好的方法是用户将最常用的对象捕捉类型设置为自动捕捉方式，其他捕捉类型用一次性捕捉的方式。

1）设置长效捕捉的方法

（1）状态栏：在"对象捕捉"按钮上右击，选择"设置"命令，在弹出的"草图设置"对话框中选择"对象捕捉"选项卡，勾选需要捕捉的特征，如图 3-1 所示。

（2）菜单："工具"→"草图设置"，设置同上。

（3）键入命令：Osnap，回车，设置同上。

2）启用长效捕捉的方式

（1）菜单："工具"→"草图设置"→"对象捕捉"选项卡→勾选"启动对象捕捉"复选框。

（2）状态栏：按下□按钮。

（3）功能键：F3。

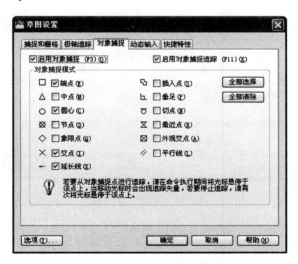

图 3-1　对象捕捉设置

## 二、极轴追踪

极轴追踪的功能主要用于控制画图时光标移动的方向。它是以一个输入点为中心,在设定的极轴增量角方向上显示追踪线(虚线),可在该线上获取点或线,这些线可以是水平线、铅垂线和有角度要求的图线。

使用时按下状态栏"极轴"按钮,在运行命令时输入点(端点、圆心等)后,光标围绕该点转动时,可按预设的增量角度及倍数显示一条条角度追踪线(虚线)及光标点的极坐标值,此时输入距离值,即可获得所需方向的图线。例如,极轴增量角设置为30°,则极轴追踪线分别为 0°、30°、60°、90°、120°等 30°角的倍数角。可画出水平线、铅垂线和 30°倍数的倾斜图线。

### 1. 设置极轴追踪的方法

(1)状态栏:在"极轴追踪"按钮上右击,选"设置",在弹出的"草图设置"对话框中选择"极轴追踪"选项卡,进行设置,见图 3-2。极轴追踪有关的选项功能如下。

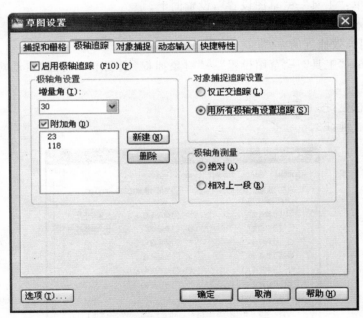

图 3-2 极轴追踪设置

增量角:在增量角下边的文本框直接输入角度,或者从下拉列表选择角度。选择"用所有极轴角设置追踪",所有增量角及其整数倍角都会被追踪到。

附加角:用于设置追踪增量角追踪不到的极轴角。例如,如果要追踪 23°角,可以勾选"附加角"复选框→"新建"按钮→在附加角文本框中输入 23。重复单击"新建"按钮,可添加第二、第三个附加角。要删除一个附加角,可以选择这个角度,然后选择"删除"按钮。

注意:附加角不同于增量角,系统可以捕捉增量角及其整数倍角,但不追踪附加角的整数倍角。

(2)菜单:"工具"→"草图设置",选择"极轴追踪"选项卡,设置同上。

**2. 启动极轴追踪的方法**

(1)菜单:"工具"→"草图设置"→"极轴追踪"选项卡→勾选"启动极轴追踪"复选框。

(2)状态栏:按下 ⌖ 按钮。

(3)功能键:F10。

# 三、对象捕捉追踪

对象捕捉追踪功能是以一个对象捕捉点为中心,在给定的极轴增量角方向上显示追踪线(虚线),可在该线上获取点或线。

(1)启用对象捕捉追踪 同时按下状态栏"极轴追踪" ⌖ "对象捕捉" □ 和"对象捕捉追踪" ⌖ 按钮。光标靠近对象捕捉点(也称追踪点)停留片刻,当出现标记"+"时,光标围绕该点转动,可按预设的极轴增量角及倍数角显示一条条角度追踪线(虚线)及光标点的极坐标值,此时输入距离值,可以精确指定点的位置,即可获得水平线、铅垂线和有角度要求的图线。可同时使用多个追踪点,一次最多可以获取 7 个追踪点。

(2)取消对象捕捉追踪 将鼠标回到追踪点处稍作停留,标记"+"消失,就可清除已获取的追踪点。

注意:对象捕捉追踪需要配合使用的是长效"对象捕捉"模式。

# 四、左视图的绘制方法

绘制左视图需要高度和宽度尺寸,高度尺寸可从主视图上的对应点向右对象追踪获得,宽度尺寸和俯视图的宽度方向不一致,不能直接获得,常采用以下方法。

(1)光标引出水平追踪线,键入宽度值。

(2)用 45°斜线,配合"极轴追踪"、"对象捕捉追踪"等功能,实现俯、左视图宽相等,见图 3-3(a)。

(3)将俯视图复制后旋转 90°,从俯视图垂直追踪实现俯、左视图宽相等,见图 3-3(b)。

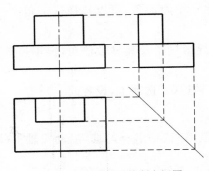
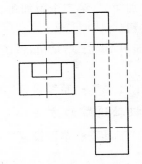

(a) 用45°斜线辅助绘制左视图　　　　　(b) 利用复制、旋转俯视图辅助绘制左视图

**图 3-3　左视图的绘制方法**

# 五、绘制样条曲线

（1）功能：用作图样中的波浪线。

（2）调用命令的方式有以下三种。

① 菜单：绘图→样条曲线。

② 工具栏：绘图工具栏→ ∿ 按钮。

③ 命令行：SPL ∠。

（3）操作：启用命令后，单击若干个点，再指定起点、终点的切线方向即可。

# 六、图案填充

（1）功能：在封闭的线框内填充图案，常用于机械图、建筑图、地质构造图的某些区域填入剖面符号或图案。

（2）调用命令的方式有以下三种。

① 菜单：绘图→图案填充。

② 工具栏：绘图工具栏→ ▨ 按钮。

③ 命令行：bh ∠。

（3）操作：启用命令后，系统弹出"图案填充和渐变色"对话框，如图 3-4 所示，在"图案填充"选项卡中单击"样例"预览窗口→选择"填充图案选项板"中的图案（见图3-5）→确定→选择角度→选择比例→单击"添加：拾取点" ▣ 按钮→单击绘图区的填充区域（或者单击"添加：选择对象" ▣ 按钮→单击绘图区的填充对象）→单击右键→确定→确定。

注意：图案填充时，填充区域的边界必须封闭。

图 3-4 "图案填充和渐变色"对话框

图 3-5 "填充图案选项板"对话框

# 任务二　三视图的绘制

本任务以绘制基本几何体、切割体、组合体的三视图为例,介绍三视图的绘制方法和步骤。

## 一、基本几何体三视图的绘制

基本几何体是由一定数量的规则表面围成的。按表面性质可以分为平面立体和曲面立体。表面由平面构成的立体称为平面立体,如棱柱、棱锥等。表面由平面和曲面或者全部是由曲面构成的立体称为曲面立体,如圆柱、圆锥、球体、圆环等。

### 1. 平面立体基本几何体三视图的绘制

下面以图 3-6 所示正六棱柱的三视图为例,介绍平面立体基本几何体三视图的绘制方法和步骤。

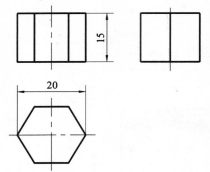

绘图思路:设置绘图环境→确定主视方向→绘制作图基准线→绘制反映底面实形的视图→绘制其他两面视图→删除辅助线→修剪中心线。

绘图步骤

1) 设置绘图环境

(1) 设置图纸幅面,根据图形尺寸,本图设定为标准图幅 A4(210×297)。

单击"格式"菜单→图形界限→输入左下角点坐标(0,0),回车→输入右上角点坐标(210,297),回车。

**图 3-6　正六棱柱的三视图**

(2) 调整显示范围,显示全部图纸。键入 Z↙→A↙。

(3) 创建图层。单击"格式"菜单→图层,打开图层特性管理器对话框。可按表 3-1 创建各种图层的名称、颜色、线型和线宽。各类图线的显示颜色,是按国家标准 GB/T 18229—2000《CAD 工程制图规则》中的规定进行设置的。

(4) 按下状态栏中的"极轴"、"对象捕捉"、"对象追踪"按钮。

**表 3-1　新建图层及相关属性**

| 图层名 | 颜色 | 线型 | 线宽 |
|---|---|---|---|
| 粗实线 | 绿 | continuous | 0.5 |
| 细实线 | 白 | continuous | 0.25 |
| 细点画线 | 红 | center2 | 0.25 |
| 虚线 | 黄 | dashed2 | 0.25 |

2）绘制作图基准线

将六棱柱放正，确定主视方向，如图3-7（a）所示。

选择细点画线层，绘制六棱柱三视图的基准线、45°斜线，如图3-7（b）所示。

3）绘制俯视图

先画反映六棱柱底面实形的俯视图正六边形。

选择粗实线层，单击"正多边形"命令→输入6↙→捕捉俯视图上两条细点画线的交点后左击→<I>↙→将光标水平拉直，输入10↙，如图3-7（c）所示。

4）绘制主视图

（1）单击"直线"命令→利用"对象追踪"功能，光标靠近1点，当捕捉框中出现"＋"标记时，光标垂直上移，在主视图的合适位置左击得a点→光标沿着追踪线垂直上移，输入高度值15↙，得b点→光标向右沿着追踪线水平移动，输入20↙，得c点→光标向下拉直，输入15↙，得d点→捕捉a点左击↙。

（2）利用"对象追踪"功能，分别从俯视图的2、3点向上追踪，捕捉追踪线与ad、bc两条线的交点，画出主视图上中间的两条竖线。见图3-7（d）。

5）绘制左视图

（1）选择细实线层，单击"直线"命令，分别从3、4点水平向右追踪，与45°斜线相交时单击，画出35、46两条线。

（2）选择粗实线层，单击"直线"命令，从5点向上引出铅垂追踪线，从d点向右引出水平追踪线，左击两条追踪线的交点，得到7点→从7点水平向右引出追踪线与从6点垂直上移引出的追踪线相交时左击，得到8点→光标沿着8点垂直上移追踪，输入高度值15↙，得9点→光标向左沿着追踪线水平移动，从7点向上引出铅垂追踪线，左击两条追踪线的交点，得到10点→捕捉7点左击↙。

（3）左击"直线"命令，捕捉11、12点，画出中间的直线，见图3-7（e）。

6）删除辅助线

用打断命令修整中心线的端部，使中心线超出轮廓线2～4，见图3-7（f）。

**2. 回转体三视图的绘制**

以图3-8圆锥三视图为例，介绍回转体三视图的绘制方法和步骤。

绘图思路：设置绘图环境→确定主视方向→绘制作图基准线→绘制反映底面实形的视图→绘制其他两面视图→删除辅助线→修剪中心线超出图形。

绘图步骤

1）设置绘图环境

（1）设置图纸幅面，本图设定为A4图幅（210×297）。

（2）调整显示范围，显示全部图纸。键入Z↙→A↙。

（3）创建图层。按表3-1创建各种图层。

（4）按下状态栏中的"极轴""对象捕捉""对象追踪"按钮。

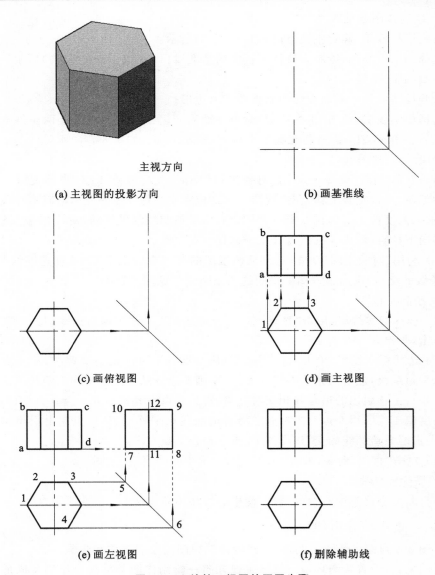

主视方向

(a) 主视图的投影方向　　　　　　(b) 画基准线

(c) 画俯视图　　　　　　(d) 画主视图

(e) 画左视图　　　　　　(f) 删除辅助线

**图 3-7　六棱柱三视图的画图步骤**

2）绘制作图基准线

将圆锥放正,确定主视方向,见图 3-9(a)。分别选择细实线层、细点画线层,绘制 45°斜线、圆锥三视图的基准线,见图 3-9(b)。

3）绘制圆锥的俯视图（圆）

先画反映圆锥底面实形的俯视图圆。

选择粗实线层,单击"圆"命令→捕捉俯视图上两条细点画线的交点(圆心)后左击→输入半径 12 ↙,见图 3-9(c)。

4）绘制圆锥的主视图

单击"直线"命令→利用"对象追踪"功能，光标靠近点1，当捕捉框中出现标记"＋"时，光标垂直上移，在主视图的合适位置左击得a点→光标向右沿着追踪线水平移动，输入24（直径）↙，得b点→光标从d点向上追踪，输入20（高度）↙，得c点→捕捉a点左击↙，见图3-9（d）。

5）绘制圆锥的左视图

（1）选择细实线层，单击"直线"命令→单击2点→从2点水平向右追踪，与45°斜线相交时单击，得3点→用同样的方法，从4点水平向右追踪，得到5点。

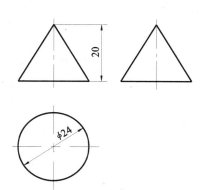

图3-8　圆锥三视图

（2）选择粗实线层，单击"直线"命令→从3点向上引出铅垂追踪线，从b点向右引出水平追踪线，单击两条追踪线的交点，得到6点→从6点向右引出水平追踪线，从5点向上引出铅垂追踪线，单击两条追踪线的交点，得到7点→从c点水平向右追踪与单视图的中心线相交时单击得8点→捕捉6点单击↙，完成左视图的绘制，见图3-9（e）。

注意：由于左视图和主视图的图形一样，可以复制主视图作为左视图。

6）删除辅助线

用"打断"命令修整中心线，使中心线超出轮廓线2～4 mm，见图3-9（f）。

# 二、切割体三视图的绘制

切割体是基本体经过若干次切割后而形成的。例如图3-10所示的立体，是在四棱柱上经过切去左上角的三棱柱，从上面挖去小四棱柱形成的，见图3-11。它的三视图见图3-12，其画图过程如下。

绘图思路：设置绘图环境→确定主视方向→绘制作图基准线→绘制四棱柱的三视图→绘制切去三棱柱的三视图→绘制挖去小四棱柱的三视图→删除辅助线、修剪中心线。

绘图步骤

## 1．设置绘图环境

（1）设置图纸幅面，本图设定为A4图幅（210 mm×297 mm）。

（2）调整显示范围，显示全部图纸。键入Z↙→A↙。

（3）创建图层。包括粗实线、细实线、虚线、细点画线图层。

（4）按下状态栏中的"极轴"、"对象捕捉"、"对象追踪"按钮。

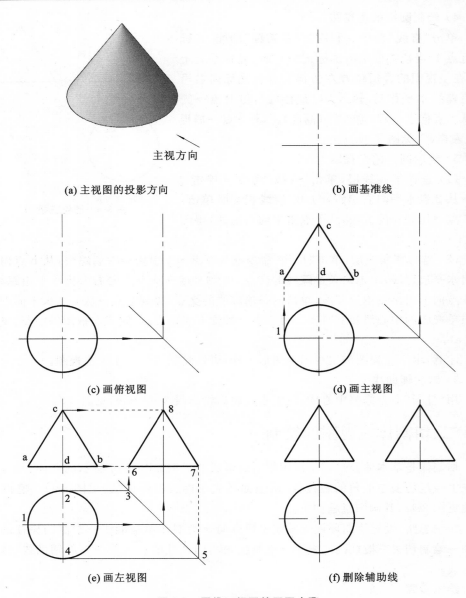

(a) 主视图的投影方向

主视方向

(b) 画基准线

(c) 画俯视图

(d) 画主视图

(e) 画左视图

(f) 删除辅助线

图 3-9　圆锥三视图的画图步骤

2. 绘制作图基准线

将切割体放正,确定主视方向,见图 3-13(a)。合理布置三视图的位置,选择细点画线层,画 45°斜线、绘制三视图的基准线,见图 3-13(b)。

3. 绘制四棱柱的三视图

选择粗实线层,调用"直线"命令,按俯视图、主视图、左视图的绘图顺序,绘制长、

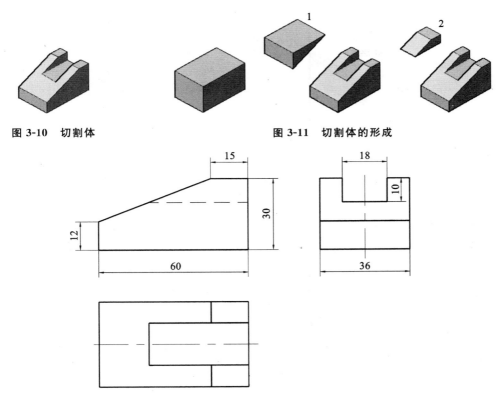

图 3-10　切割体　　　　图 3-11　切割体的形成

图 3-12　切割体的三视图

宽、高为 60×36×30 四棱柱的三视图,见图 3-13(c)。

### 4.切去三棱柱

画一个切割部位的三视图,要先画切割面都为线的视图,再画另两面视图。

先画切割面为线的主视图。调用"直线"命令,从 1 点向左水平追踪,输入 15 ↙,得 2 点→从 3 点向上追踪,输入 10 ↙,得 4 点。

画俯视图。调用"直线"命令,从 2 点向下追踪,分别捕捉与四棱柱俯视图的交点5、6,单击。

画左视图。调用"直线"命令,从 4 点向右追踪,分别捕捉与四棱柱左视图的交点7、8,单击,见图 3-13(d)。

### 5.切去小四棱柱

先画三个切割面为线的左视图。调用"直线"命令,从 9 点向右追踪,输入 9 ↙,得 10 点→向下追踪,输入 10 ↙,得 11 点→向左追踪,输入 18 ↙,得 12 点→向上追踪,捕捉 13 点,单击。

画主视图。选择虚线层,调用"直线"命令,从 12 点向左追踪,分别捕捉与四棱柱

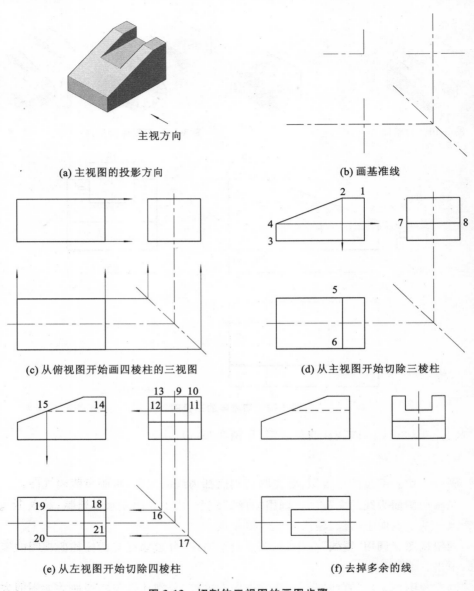

(a) 主视图的投影方向　　　　　　　　(b) 画基准线

(c) 从俯视图开始画四棱柱的三视图　　　(d) 从主视图开始切除三棱柱

(e) 从左视图开始切除四棱柱　　　　　　(f) 去掉多余的线

**图 3-13　切割体三视图的画图步骤**

主视图的交点 14、15，单击。

画俯视图。选择细实线层，调用"直线"命令，分别画连接 12 和 16、11 和 17 的两条线。选择粗实线层，调用"直线"命令，从 16 点向左追踪，捕捉与四棱柱俯视图的交点单击，得 18 点→向左追踪，再从 15 点向下追踪，单击两条追踪线的交点，得 19 点→向下追踪，与从 17 点向左的追踪线相交后，单击交点，得 20 点→继续向右追踪，捕捉 21 点，单击，见图 3-13(e)。

**6. 修剪与删除**

用修剪命令删除俯视图中多余的线。用打断命令修整中心线,使中心线超出轮廓线 2～4。删除辅助线,完成作图,见图 3-13(f)。

## 三、组合体三视图的绘制

由两个或两个以上基本体所组合的立体称为组合体。下面以绘制轴承座的三视图为例来讲解组合体三视图的绘制。轴承座立体模型见图 3-14,三视图见图 3-15。轴承座是支撑轴承的零件,由五部分组成,分别是底板 1、筋板 2、支撑板 3、轴承安装圆筒 4、润滑装置安装座 5。

绘图思路:设置绘图环境→确定主视方向→绘制作图基准线→绘制主视图→绘制俯视图→绘制左视图→删除辅助线、修剪中心线。

注意:画组合体三视图,还可以分别画出各组成部分的三视图,最后组合成组合体的三视图。例如,先画底板 1 的三视图,再画轴承安装圆筒 4 的三视图,再画支撑板 3 的三视图,再画筋板 2 的三视图,最后画润滑装置安装座 5 的三视图,整理图线后,形成轴承座的三视图。

绘图步骤

**1. 设置绘图环境**

(1)设置图纸幅面,本图设定为 A3 图幅(420×297)。

(2)显示全部图纸范围,键入 Z↙→A↙。

(3)创建图层。包括粗实线、细实线、虚线、细点画线图层。

(4)按下状态栏中的"极轴"、"对象捕捉"、"对象追踪"按钮。

**2. 绘制作图基准线**

确定主视方向,见图 3-14。选择细点画线层,按 A3 图纸图幅,合理布置三视图的位置,见图 3-15,绘制各视图的作图基准线,45°斜线,见图 3-16。

**3. 绘制主视图**

(1)选择粗实线层。

① 画圆筒。调用圆命令,捕捉交点 1 为圆心,画直径为 $\phi58$ 和 $\phi36$ 两个同心圆。

② 画底板。调用直线命令,从 1 点向下追踪,输入 72↙→向左追踪,输入 60↙→向上追踪,输入 16↙→向右追踪,输入 60↙,分别得到 2、3、4、5 点,绘出底板的一半。

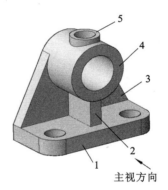

**图 3-14　轴承座**

1—底板;2—筋板;

3—支撑板;4—轴承安装圆筒;

5—润滑装置安装座

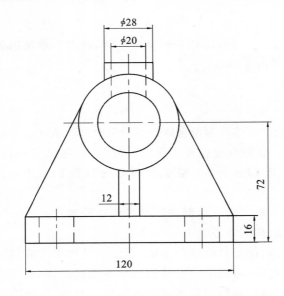
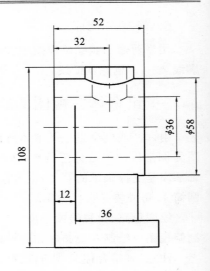
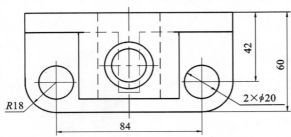

图 3-15　轴承座的三视图

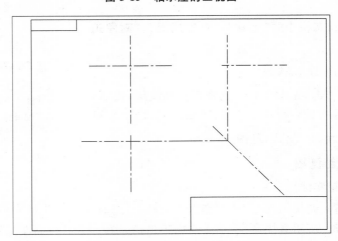

图 3-16　画作图基准线

画支撑板。左击 4 点,捕捉与 $\phi58$ 圆的切点 6,单击。

画筋板。从 5 点向左追踪,输入 6 ↙,得 7 点→向上追踪,捕捉与 $\phi58$ 圆的交点 8,左击。

画安装座。从 1 点向上追踪,输入 36(=108-72)↙,得 9 点→向左追踪,输入 14 ↙,得 10 点→向下追踪,捕捉与直径 $\phi58$ 圆的交点 11,左击↙,见图 3-17(a)。

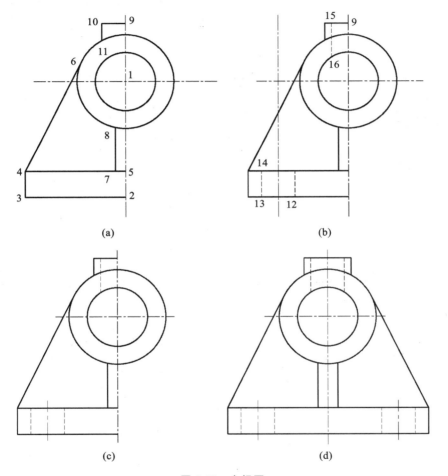

图 3-17　主视图

(2) 选择虚线层。

① 调用偏移命令,将铅垂中心线向左偏移 42 ↙。

② 画底板圆孔投影:调用直线命令,从 12 点向左追踪,输入 10 ↙,得 13 点→向上追踪,捕捉交点 14,单击→用镜像命令得到圆孔右边虚线。

③ 画上部圆孔投影:从 9 点向左追踪,输入 10 ↙,得 15 点→向下追踪,捕捉交点 16,左击,见图 3-17(b)。

（3）用打断命令修整中心线的端部长度，见图 3-17(c)。

（4）调用镜像命令，绘制右半部视图，完成主视图，见图 3-17(d)。

### 4．绘制俯视图

（1）选择粗实线层。

调用直线命令，绘制底板、支撑板、大圆筒的粗实线部分，长度尺寸遵循"长对正"的原则，从主视图上的对应点向下对象追踪获得，宽度尺寸采用光标拉出方向，输入距离值的方式获得。注意 18 点是从 17 点向右的追踪线与主视图上的 6 点向下的追踪线的交点，见图 3-18(a)。

调用偏移命令，将铅垂中心线向左偏移 42↙，将水平基准线向下偏移 32↙，再偏移 42↙，得到 $\phi 20$、$\phi 28$ 三个圆的圆心点 19、20。

调用圆命令，画出三个圆。

调用圆角命令，画出圆角，见图 3-18(b)。

（2）选择虚线层。

调用直线命令，利用长度尺寸与主视图追踪对正，宽度尺寸采用光标引导方向输入距离值的方式获得，画出虚线。

（3）用打断命令修整中心线的端部长度，见图 3-18(c)。

（4）调用镜像命令，绘制右半部视图，完成俯视图，见图 3-18(d)。

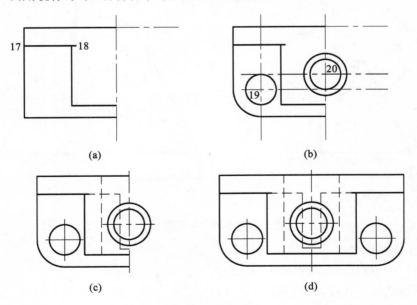

(a)　　　　　　　　　　(b)

(c)　　　　　　　　　　(d)

图 3-18　俯视图

### 5. 绘制左视图

（1）选择粗实线层。

调用直线命令,使用对象追踪、直接输距离和对象捕捉的方式绘制底板、支撑板、大圆筒、筋板的直线图形。高度尺寸遵循"高平齐"的原则,从主视图上的对应点向右对象追踪获得,宽度尺寸采用光标引导输入距离值的方式获得。注意:筋板与大圆筒的交线 21～22 是从主视图上的 8 点向右追踪捕捉交点 21、输入 36 ↙ 得到的,见图 3-19(a)。

调用偏移命令,将铅垂基准线向右偏移 32,得到上部圆筒的轴线。

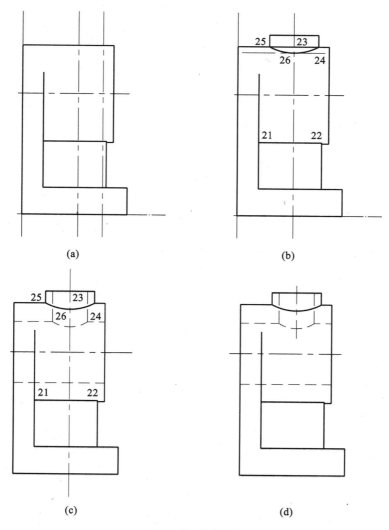

图 3-19　左视图

调用直线命令,从 23 点向右追踪,输入 14 ↙,得到 24 点后连续画出上部圆筒的轮廓线。从主视图上的 11 点向右追踪捕捉交点 26,用三点画弧方式,捕捉 25、26、24 点绘制两圆筒相贯线,见图 3-19(b)。

(2)用修剪命令,删除 24～25 的连线。删除多余的作图基准线。

(3)选择虚线层。使用对象追踪,结合已知尺寸绘制虚线,见图 3-19(c)。

(4)整理视图,用"打断"命令修整中心线,使中心线超出轮廓线 2～4 mm,完成左视图,见图 3-19(d)。

# 任务三　剖视图的绘制

剖视图与视图的不同是要对剖面进行图案填充。当机件上的孔、槽较多时,为了清楚表达机件的内形,可以采用剖视图的画法。剖视图是假想将机件剖开,画出剖面,为了区别剖面上实体与空腔部分,需要在实体区域画出与材料相关的规定符号(剖面符号)。

本任务以图 3-20 所示的支架为例,介绍剖视图的绘制方法。

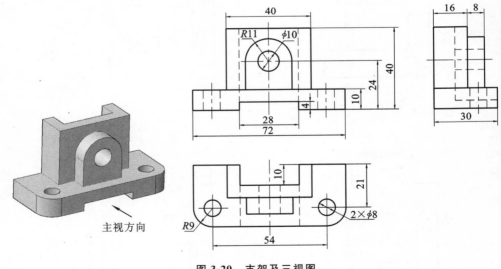

图 3-20　支架及三视图

绘图思路:确定剖切方案→设置绘图环境→绘制作图基准线→绘制三视图→绘制剖视图→删除辅助线,修剪中心线。

支架的剖切方案:分析支架的结构特点,需要剖切的部位有三处,L 槽、$\phi10$ 和 $\phi8$ 孔。选择左视图沿着左右对称平面进行全剖,剖切 L 槽、$\phi10$ 孔,如图 3-21 所示;主视图采用局部剖,剖切 $\phi8$ 孔,如图 3-22 所示。

**图 3-21 左视图全剖**

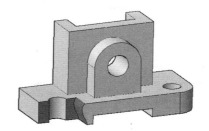

**图 3-22 主视图局部剖**

绘图步骤

## 1. 设置绘图环境

(1) 设置图纸幅面,本图设定为 A4 图幅(210×297)。

(2) 调整显示范围,显示全部图纸。键入 Z↙→A↙。

(3) 创建图层。包括粗实线、细实线、虚线、填充、细点画线等图层。

(4) 按下状态栏中的"极轴""对象捕捉""对象追踪"按钮。

## 2. 绘制三视图

调用直线、圆、圆角命令,使用追踪、直接输入距离和对象捕捉的方式,分层绘制细点画线、粗实线、虚线,完成支架的三视图,如图 3-23(a)所示。

## 3. 绘制剖视图

(1) 将左视图改画成全剖视图。

① 将表达 L 槽、$\phi$10 孔的虚线移到粗实线层,删掉切掉的外形线及 $\phi$8 孔的虚线。

② 选择填充层,调用"图案填充",打开"图案填充和渐变色"对话框→选择 ANSI31 图案→确定→选择角度→选择比例→左击"添加:拾取点" ⊞ 按钮→在剖切面上填充区域左击→确定。完成全剖的左视图,见图 3-23(b)。

(2) 将主视图改画成局部剖视图。

① 选择细实线层,调用"样条曲线"命令,绘制主视图中局部剖视的边界波浪线。

② 将表达剖切孔 $\phi$8 的虚线移到粗实线层。

③ 选择填充层,调用"图案填充",对剖切面进行 ANSI31 图案填充,注意要与左视图的剖面线倾斜方向一致,完成剖切的主视图,见图 3-23(c)。

(3) 将三视图中已剖切过的 L 槽、$\phi$10 和 $\phi$8 孔的虚线删除,保留 $\phi$10 和 $\phi$8 孔的轴线。

(4) 整理视图,去掉多余的线,用打断命令修整中心线,完成全图,见图 3-23(d)。

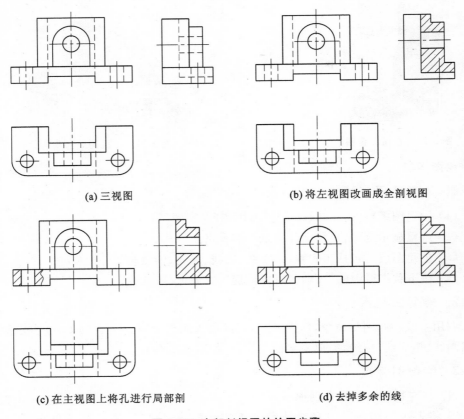

(a) 三视图　　　　　　　　　　　　　(b) 将左视图改画成全剖视图

(c) 在主视图上将孔进行局部剖　　　　　　(d) 去掉多余的线

**图 3-23　支架剖视图的绘图步骤**

## 【项目总结】

### 1. 保证三视图之间的对正关系的方法

（1）利用"对象捕捉"、"极轴追踪"、"对象追踪"等方法，可以保证三视图的"长对正、高平齐、宽相等"。

（2）左视图获取宽度尺寸的方法。

① 光标引出水平追踪线，键入宽度值。

② 用 45°斜线，配合"极轴追踪""对象捕捉追踪"等功能，实现俯、左视图宽相等。

③ 将俯视图复制后旋转 90°，实现俯、左视图宽相等。

### 2. 三视图的绘图步骤

1）基本体的绘制

设置绘图环境（图纸幅面、显示全部图纸、创建图层）→确定主视方向→绘制作图基准线→绘制反映底面实形的视图→绘制其他两面视图→删除辅助线→修剪中心线。

2）切割体的绘制

设置绘图环境（图纸幅面、显示全部图纸、创建图层）→确定主视方向→绘制作图基准线→绘制切割前完整立体的三视图→绘制第一个切割部位的三视图（先画切割面都为线的视图，再画另两面视图）→绘制第二个切割部位的三视图→删除辅助线、修剪中心线。

3）组合体的绘制

有以下两种画图方法。

（1）将组合体看成一个整体。

设置绘图环境→确定主视方向→绘制作图基准线→绘制三视图→删除辅助线、修剪中心线。

（2）将组合体分解，分别画出各组成部分的三视图，经过编辑修改形成组合体的三视图。

设置绘图环境→确定主视方向→绘制作图基准线→绘制 1 部分的三视图→绘制 2 部分的三视图→绘制 3 部分的三视图……→从组合体角度，根据遮挡关系，确定相关图线是粗实线还是虚线→删除多余的线、修剪中心线。

**3．剖视图的绘图步骤**

确定剖切方案→设置绘图环境→绘制作图基准线→绘制三视图→绘制剖视图→删除多余的线，修剪中心线。

**【思考与上机操作】**

1．绘制如图 3-24 至图 3-29 所示基本体的三视图。

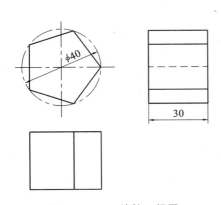

图 3-24　正五棱柱三视图

提示：五边形用"正多边形"命令画出。

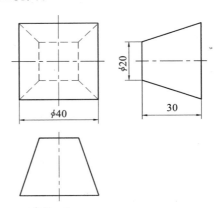

图 3-25　正四棱台三视图

2．绘制如图 3-30 至图 3-35 所示组合体的三视图。

3．绘制如图 3-36 至图 3-39 所示组合体的剖视图。

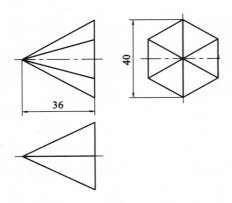

图 3-26　正六棱锥三视图

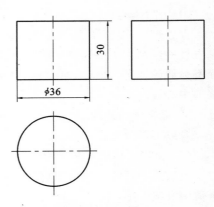

图 3-27　圆柱三视图

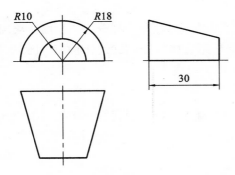

图 3-28　二分之一圆台三视图

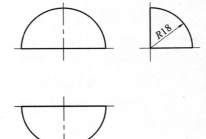

图 3-29　四分之一球三视图

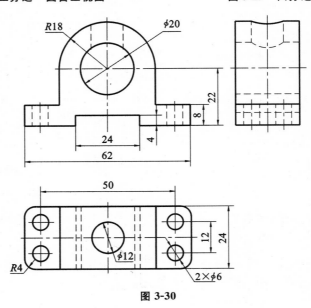

图 3-30

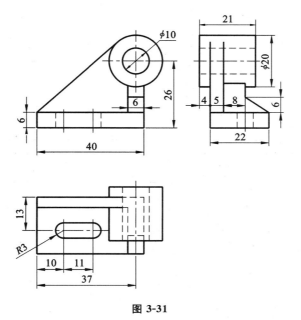

图 3-31

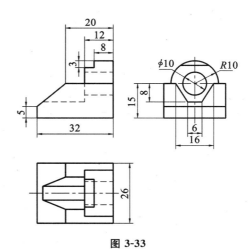

图 3-32

图 3-33

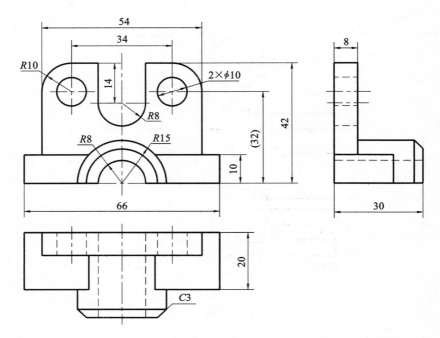

图 3-34

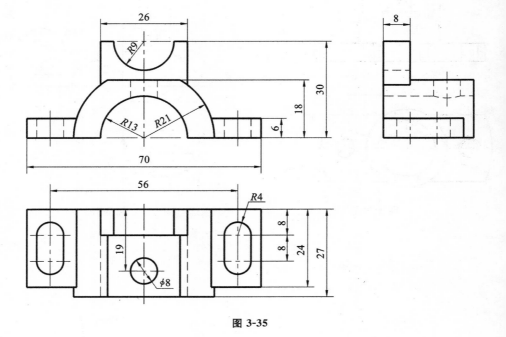

图 3-35

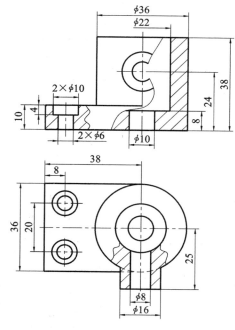

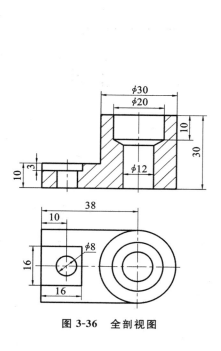

图 3-36　全剖视图

图 3-37　局部剖视图

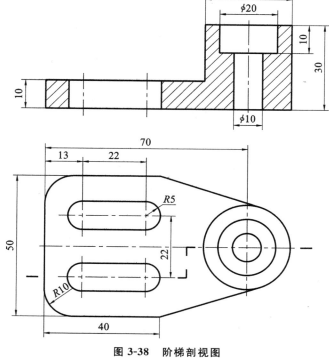

图 3-38　阶梯剖视图

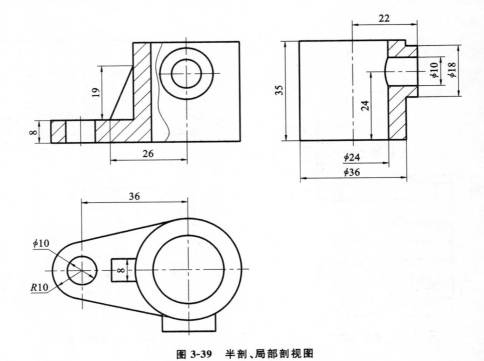

图 3-39　半剖、局部剖视图

# 项目四　文字与表格

【学习目标】

(1) 掌握注写文字的方法。

(2) 掌握创建表格的方法。

【知识要点】

(1) 创建文字样式。

(2) 输入单行文字。

(3) 输入多行文字。

(4) 编辑文字。

(5) 创建表格。

(6) 编辑表格。

　　每一张工程图样除了具有表达对象形状的图形外，还需要必要的文字注释，例如标题栏、明细表、技术要求等都需要填写文字。AutoCAD 具有很好的文字处理功能，它可使图中的文字符合各种制图标准，并且可以自动生成各类数据表格。

# 任务一　文　字　样　式

## 一、创建文字样式

　　(1) 功能：创建符合国家制图标准的文字样式，创建内容包含字体及其高度、宽度比例、倾斜角度及排列方式。可定义多种文字样式，以满足输入文字、标注用字体等不同的需要。

　　(2) 调用命令的方式有以下三种。

　　① 菜单："格式"→"文字样式"。

　　② 工具栏：文字工具栏→ 🅰️ 按钮。

　　③ 命令行：STYLE ↙。

　　(3) 操作：执行命令后，系统打开"文字样式"对话框(见图 4-1)→单击"新建"按钮，打开"新建文字样式"对话框(见图 4-2)→在"样式名"文本框中输入新的样式名，如"长仿宋"→"确定"→返回"文字样式"对话框→在"字体名"下拉列表中选择"仿宋_GB2312"字体→"宽度因子"设为 0.7（见图 4-3）→"应用"→"关闭"。

还可创建标注用字体，如"标注斜体"（选择 italic.shx 字体）和"标注直体"（选择 isocp.shx 字体或 txt.shx 字体）。

图 4-1    "文字样式"对话框

图 4-2    "新建文字样式"对话框

图 4-3    长仿宋文字样式的设置

（4）"文字样式"对话框选项说明。

①"样式(S)"选项组　显示已定义的文字样式名称，"Standard"为默认文字样式。可从中选择一种作为当前样式，还可重命名已有的文字样式的名称或删除已有文字样式。

②"字体"选项组　"字体名"下拉列表框：罗列了可以选用的字体名称。带有双"T"标志的是 Windows 系统提供的"真字体(True Type)"，其余字体是 AutoCAD 自带的"形字体"(＊,shx)。

"使用大字体"复选框：对于.shx 字体有效，可以使该选项的名称变为大字体。大字体是专为亚洲国家设计的字体，其列表中"gbenor.shx"和"gbeitc.shx(斜体西文)"字体是符合国家标准的工程字体。

③"高度"文本框　用于设置字体高度。如果这里设置字体高度后，使用"单行文字(DTEXT)"命令标注文字时，用户不能再改变字体的高度，为了能方便地改变字体高度，通常在此处设置为 0。

④"效果"选项组　用于设置字体的效果。

"颠倒"复选框　可将字体上下颠倒，如图 4-4(b)所示。

"反向"复选框　可将字体反向排列，如图 4-4(c)所示。

"倾斜角度"文本框　用于设置字体的倾斜角度。角度为正值时，字体向右倾斜，如图 4-4(d)所示，角度为负值时，字体向左倾斜。

"宽度因子"文本框：用于确定字体的宽高比。比例值为 0.7、1、1.5 时的文字效果见图 4-4(e)、(f)、(g)所示。

"垂直"复选框　可将垂直排列，如图 4-4(h)所示。

⑤"应用"按钮，用于确定用户对文字样式的设置。

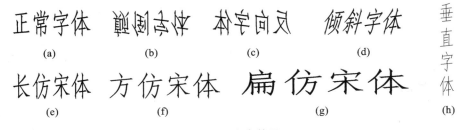

图 4-4　文字效果

## 二、选用文字样式

文字样式的选用有两种方法。

（1）在"样式"工具栏的文字列表中选择，如"长仿宋"。

（2）"文字"工具栏→ 按钮，在样式列表中选择文字样式名，如"长仿宋"→
置为当前(C)。

# 任务二　文字的输入与编辑

## 一、输入单行文字

（1）功能：每次只能输入一行文字，一行文字为一个独立对象。

（2）调用命令的方式有以下三种。

① 菜单栏："绘图"→"文字"→"单行文字"。

② 工具栏："字体"→ **AI** 。

③ 命令行：Dtext ✓（Text 或 DT）。

（3）操作：选用文字样式→ **AI** →左击文字的起点，左下角点→输入文字高度✓→指定文字的旋转角度<0>✓→输入第一行文字内容✓→输入第二行文字内容✓，如图 4-5 所示。

注：也可在输入第一行文字后，左击其他位置，在新的位置输入文字。

图 4-5　单行文字输入

## 二、输入多行文字

多行文字常用来创建较为复杂的文字说明，如图样的技术要求等。

（1）功能：在指定的矩形边界内（该框决定文字的位置和行宽）注写多行文字，该多行文字是一个整体对象。

（2）调用命令的方式有以下三种。

① 菜单栏："绘图"→"文字"→"多行文字"。

② 工具栏："文字"→ **A** 或"绘图"→ **A** 。

③ 命令行：Mtext ✓ 或 MT ✓ 。

（3）操作：左击 **A** →指定输入文字的矩形框，左击第一角点→左击第二角点→打开"多行文字编辑器"，如图 4-6 所示，选择文字样式→指定文字高度→输入文字内容→确定。

## 三、多行文字编辑器

"多行文字编辑器"由"文字格式"工具栏和带标尺的文字输入窗口组成。"文字格式"工具栏中各按钮的作用大多与 Word 中的相同，标尺用鼠标拖动可以改变文本行宽。下面自左向右介绍各选项的功能和含义。

文字样式下拉列表框：列出了当前已有文字样式，可从列表中选择文字样式。

图 4-6　多行文字编辑器

**字体下拉列表框**：用于设置或改变字体。

**字高下拉列表框**：用于指定字体高度。

**粗体按钮**：用于确定字体是否以粗体形式标注（只对 TTF 字体有效）。

**斜体按钮**：用于确定字体是否以斜体形式标注（只对 TTF 字体有效）。

**下划线按钮**：用于确定字体是否加下划线标注（只对 TTF 字体有效）。

**取消按钮**：用于取消上一个操作。

**重做按钮**：用于恢复所做的取消。

**堆叠按钮**：用于确定文字是否上下对齐，使用的符号有"＾"、"/"、"＃"。

- 用"＾"符号创建尺寸公差堆叠，如注写 $50^{+0.025}_{-0.009}$ 时，在输入 $50+0.025\hat{\ }-0.009$ 后，选中"$+0.025\hat{\ }-0.009$"，左击"堆叠"按钮 。用"＾"符号，还可创建文字的上标和下标。

- 用"/"符号创建上下分数堆叠，如注写 $\dfrac{5}{6}$ 时，在输入 5/6 后，选中"5/6"，左击"堆叠"按钮 。

- 用"＃"符号创建斜分数堆叠，如注写 3/4 时，在输入 3＃4 后，选中"3＃4"，左击"堆叠"按钮 ，如图 4-7 所示。

| | | |
|---|---|---|
| $50+0.025\hat{\ }-0.009$ | → | $50^{+0.025}_{-0.009}$ |
| 5/6 | → | $\dfrac{5}{6}$ |
| 3#4 | → | $\dfrac{3}{4}$ |

图 4-7　堆叠文字示例

**"颜色"下拉列表框**：用于设置文字的颜色。

**"符号"按钮**：在光标处插入符号。单击该按钮，打开"符号"菜单，可从中选择符号插入到文本中。

**"确定"按钮**：用于完成文字输入和编辑后，结束操作命令。

## 四、特殊字符串的输入

在实际绘图时，常常需要标注一些特殊字符。AutoCAD 中特殊字符的表达方法见表 4-1。

表 4-1　特殊字符的表达方法

| 符号 | 功能说明 | 输入字符 | 显示效果 |
|------|----------|----------|----------|
| ％％C | φ | ％％C30 | φ30 |
| ％％D | ° | 45％％D | 45° |
| ％％P | ± | ％％P10 | ±10 |

## 五、编辑文字

对注写的文字的内容、样式、字高等特性进行修改或调整时，可以通过下面的方法进行编辑。

1）用文字编辑命令

（1）功能：用于修改文字的内容和属性。

（2）调用命令的方式有以下三种。

① 菜单栏："修改"→"对象"→"文字"→"编辑"。

② 工具栏："文字"→ 。

③ 命令行：Ddedit ✓ 。

（3）操作：左击 →左击选择要编辑的文字→打开对话框→编辑文字及属性→确定。

注意：选择的是单行文字，打开的是"编辑文字"对话框，只能对文字内容进行增减，不能改变文字属性。单行文字一次只能编辑一行。选择的是多行文字，则打开"多行文字编辑器"对话框，可对文字内容及属性修改。

2）双击进行编辑

双击要编辑的文字→打开对话框→编辑文字及属性→确定。

3）用"特性"选项板编辑文字

（1）功能：用于修改文字的内容和属性。

（2）调用命令的方式有以下三种。

① 菜单栏："修改"→"特性"。

② 工具栏："标准"→ 。

③ 命令行：Properties ✓ 。

（3）操作：左击 →弹出"特性"选项板→左击选择要编辑的文字→编辑文字及属性→左击 退出。

# 任务三　创建表格

在图样中经常要用到表格，如标题栏、零件图中的参数表、装配图中的明细表等。

这些表格可以用直线和文字命令制作,也可通过创建表格命令来生成各类数据表格,用于保证标准的字体、颜色、文本、高度和行距。用户可以直接引用软件默认的格式制作表格,也可以自定义创建表格样式。

# 一、创建表格样式

(1) 功能:设置表格样式。

(2) 调用命令的方式有以下三种。

① 菜单栏:"格式"→"表格样式"。

② 工具栏:"样式"→ 。

③ 命令行:Tablestyle↙。

(3) 操作:左击 →打开"表格样式"对话框(见图4-8)→单击"新建"按钮→打开"创建新的表格样式"对话框(见图4-9)→在"新样式名"文本框中输入样式名称,如"标题栏"→单击"继续"按钮→打开"新建表格样式"对话框(见图4-10)→对"表格方向""表格样式""常规""文字"和"边框"等选项进行设置→确定→关闭。

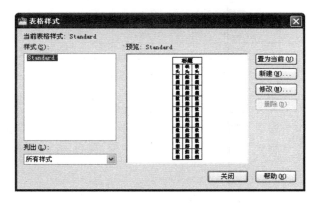

**图 4-8 "表格样式"对话框**

"新建表格样式"对话框中各选项组的含义如下。

**图 4-9 "创建新的表格样式"对话框**

① "起始表格"区 可以在绘图区指定一表格作为新建表格的参考样式。

② "常规"区 "表格方向""向下"指表标题在表格顶部,"向上"指表标题在表格底部。

③ "单元样式"区 定义表格中标题、表头和数据三个单元(见图4-11)的样式或编辑现有表格的单元样式。三个单元样式的设置内容均包括有"常规""文字"和"边框"三个选项卡。

• "常规"选项卡中"特性"选项用于设置单元的背景色、文字对正方式、格式和

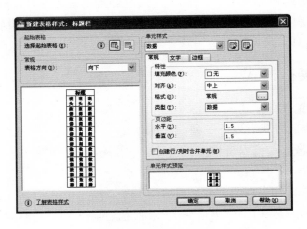

图 4-10 "新建表格样式"对话框

| 零件表(标题) | | |
|---|---|---|
| 序 号(表头) | 名 称(表头) | 数量(表头) |
| 1(数据) | 轴承座(数据) | 1(数据) |
| 2(数据) | 上轴衬(数据) | 2(数据) |

图 4-11 表格各部分名称

类型;"页边距"用于设置单元中的文字与左、右、上、下单元格之间的间距。

- "文字"选项卡用于设置单元格中文字的样式、高度、颜色和倾斜角度。
- "边框"选项卡用于设置表格线的宽度、线型、颜色、双线及有无边框线等。

## 二、修改表格样式

操作:左击 ![icon]→打开"表格样式"对话框→选择要编辑的表格样式名→单击"修改"按钮→打开"修改表格样式",相关操作类似于新建表格样式。

## 三、插入表格

(1) 功能:将已定义好样式的表格插入绘图区。

(2) 调用命令的方式有以下三种。

① 菜单栏:"绘图"→"表格"。

② 工具栏:"绘图"→ ![icon]。

③ 命令行:Table ↙。

(3) 操作:"绘图"→ ![icon]→打开"插入表格"对话框(见图 4-12)→在"表格样式"

中选择已定义的表格样式,如"标题栏"→选择表格插入方式"指定插入点"(或"指定窗口")→设置表格的行数、列数、列宽、行高→设置单元样式(可用默认的单元样式)→确定→在绘图区指定插入点(或用"指定窗口"指定两角点)→填写表格内容→确定。

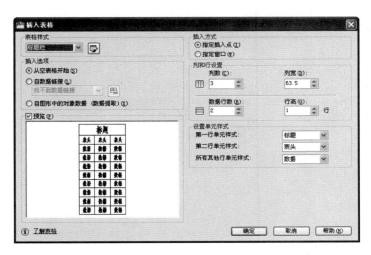

**图 4-12　"插入表格"对话框**

(4)"插入表格"对话框选项说明。

① 表格插入方式。

(a)"指定插入点":指定表格左上角的位置来确定表格位置。

(b)"指定窗口":指定表格的大小和位置。选定此项时,表格的行数、列数、列宽和行高取决于窗口的大小及列和行的设置。操作时系统要求指定第一个角点和第二个角点。

② 设置单元样式。

(a)"第一行单元样式":用于指定表格中第一行的单元样式,默认为"标题"单元样式。

(b)"第二行单元样式":用于指定表格第二行的单元样式,默认为"表头"单元样式。

(c)"所有其他行单元样式":用于指定表格中其他所有行的单元样式,默认为"数据"单元样式。

(5)在填写表格时,要移动到下一个单元,可用下列方法。

① 按"Tab"键。

② 使用方向键向左、向右、向上和向下移动。

③ 双击单元格。

## 四、编辑表格及表格单元

### 1. 选择整个表格和表单元格

(1) 选择整个表格：左击任何一条表格线。

(2) 选择一个表单元格：左击单元格空白处。

(3) 选择多个表单元格的操作如下。

① 左击一个单元格，按住"Shift"键选择其他单元格。

② 在表格内拖动鼠标，虚线框覆盖的单元格都被选中。

### 2. 修改表格的行数和列数

在要添加行和列的表格单元内左击后再右击，弹出如图 4-13 所示的快捷菜单，根据需要进行选择即可。

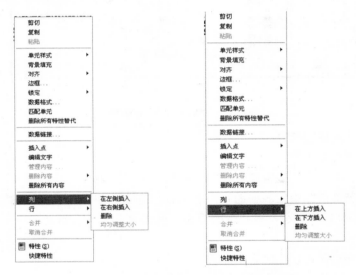

**图 4-13 修改表格列数、行数的快捷菜单**

### 3. 修改表格的行高与列宽

1) 利用表格的夹点进行修改

(1) 选中整个表格（单击表格的任一条表格线），出现表格夹点，各夹点功能如下。

① 移动左上夹点：移动整个表格。

② 移动右上夹点：均匀修改整个表格宽度。

③ 移动左下夹点：均匀修改整个表格高度。

④ 移动右下夹点：均匀修改整个表格高度和宽度。

⑤ 移动列夹点：更改一列宽度，也改变相邻列的宽度，但整个表格宽度不变。

⑥ Ctrl＋列夹点：更改一列宽度，不改变相邻列的宽度，但整个表格宽度改变。

（2）选中一个表单元格或多个单元格，出现单元格夹点后，移动夹点，可改变表格的行高和列宽。

2）使用"特性"选项板进行修改

选中表格，单击"特性"按钮![图标]，弹出表格的"特性"对话框，如图 4-14 所示，在对话框中可修改表格宽度和高度。

### 4．修改表格的文字

1）修改表格的文字内容

（1）光标移动至表格内，双击鼠标左键，在弹出的多行文字编辑器中重新输入文字或数据。

图 4-14　表格的"特性"对话框

（2）选定单元格后，按下"F2"键，在弹出的多行文字编辑器中重新输入文字或数据。

2）修改表格内文字的属性

（1）选中文字所在单元格右击，在弹出的快捷菜单中选择相关项目进行修改。

（2）选中文字所在单元格，使用"特性"选项板进行修改。

## 五、绘制标题栏

本任务以创建和填写如图 4-15 所示的标题栏为例，介绍"创建表格样式"、"插入表格"命令的使用方法。

| 图样名称 | | | 比例 | （图号） | |
| | | | 共　张　　第　张 | | |
| 制图 | （签名） | （日期） | 学校、班级 | | |
| 审核 | （签名） | （日期） | | | |
| 15 | 40 | 25 | 20 | | |
| 140 | | | | | |

图 4-15　标题栏

操作过程如下。

1）创建标题栏的表格样式

单击![图标]→打开"表格样式"对话框→单击"新建"按钮→打开"创建新的表格样式"对话框→在"新样式名"文本框中输入样式名称"标题栏"→单击"继续"按钮→打开"新建表格样式"对话框→在"单元样式"下拉列表中选择"数据"→在"表格方向"下拉列表中选择"向下"→在"常规"选项卡的"对齐"下拉列表中选择"正中"→在"页边

距"的"垂直"、"水平"文本框中均输入"0.1"→单击"文字"选项卡,在"文字样式"下拉列表中选择"长仿宋","文字高度"文本框中输入 3.5→单击"边框"选项卡,"线宽"选择"0.50mm",单击"外边框"按钮 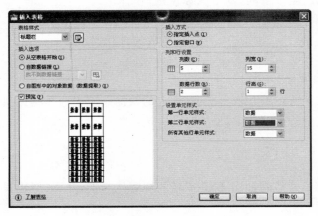(注意:要先选线宽,再选边框类型)→选"线宽"为"0.25mm",单击"内边框"按钮 →确定→选中"标题栏"样式名,单击"置为当前"按钮→关闭。

2)插入表格

"绘图"→ →打开"插入表格"对话框→在"表格样式"中选择"标题栏"→选择表格插入方式"指定插入点"→设置表格的行数、列数、列宽、行高,并按图 4-16 所示设置各参数(注:数据行数 2 加上标题和表头所占的行数,总行数为 4)→"设置单元样式"均选"数据"→确定→在绘图区指定插入点(表格右上角顶点)→确定。

**图 4-16　插入标题栏表格的参数设置**

3)修改表格

单击表格线选中整个表格→单击列编号"B",选择第二列的单元格→单击"特性"按钮 ,在"特性"选项板中将"单元宽度"值改为 40 ✓→单击列编号"C"选择第三列的单元格,"单元宽度"输 25 ✓→用同样方法设置第四、五列宽度分别为"20"、"40"→单击行编号"1",选择第一行的单元格,"单元高度"输 9 ✓→同样设置第二、三、四行的单元格高度均为 7→用虚线框选中表格的第一、二行的第一、二、三列右击,选择"合并"→"全部"→用虚线框选中表格的第二行的第四、五列右击,选择"合并"→"按行"→用虚线框选中表格的第三、四行的第四、五列右击,选择"合并"→"全部"完成表格的修改,如图 4-17 所示。

4)填写标题栏

在单元格内双击,填写标题栏内容。双击文字用"多行文字编辑器"或选中文字用"特性"选项板将"图样名称"和"校名"的字高改为 7 mm,其效果见图 4-18。

| | | | | |
|---|---|---|---|---|
| | | | | |
| | | | | |
| | | | | |

图 4-17　修改后的标题栏表格

| 电磁阀 | | 1：1 | 09 01 02 |
|---|---|---|---|
| | | 共3张　　第1张 | |
| 设计 | 张长江 | 2012.12.06 | ××学院机械系 |
| 审核 | 王黄河 | 2012.12.16 | |

图 4-18　填写标题栏表格

## 【项目总结】

### 1．注写文字的步骤

1）创建文字样式

操作："格式"→"文字样式"→系统打开"文字样式"对话框→单击"新建"按钮→打开"新建文字样式"对话框→在"样式名"文本框中输入样式名→确定→返回"文字样式"对话框→在"字体名"下拉列表中字体→设"宽度因子"→"应用"→"关闭"。

2）输入文字

（1）输入单行文字。

操作：选用文字样式→ Ａ →左击文字的起点，左下角点→输入文字高度↙→指定文字的旋转角度＜0＞↙输入第一行文字内容↙输入第二行文字内容↙。

（2）输入多行文字。

操作：左击 Ａ →指定输入文字的矩形框，左击第一角点→左击第二角点→打开"多行文字编辑器"→选择文字样式→指定文字高度→输入文字内容→确定。

### 2．编辑文字

对注写的文字的内容、样式、字高等特性进行修改或调整时，有以下三种方法。

（1）用文字编辑命令。

单击 Ａ →单击选择要编辑的文字→打开对话框→编辑文字及属性→确定。

注意：选择的是单行文字，打开的是"编辑文字"对话框，只能对文字内容进行增减，不能改变文字属性。单行文字一次只能编辑一行。选择的是多行文字，则打开"多行文字编辑器"对话框，可对文字内容及属性修改。

（2）双击要编辑的文字→打开对话框→编辑文字及属性→确定。

（3）用"特性"选项板编辑文字。

### 3. 绘制表格的步骤

1）创建表格样式

操作：单击 ![icon] →打开"表格样式"对话框→单击"新建"按钮→打开"创建新的表格样式"对话框→在"新样式名"文本框中输入样式名称"明细表"→单击"继续"按钮→打开"新建表格样式"对话框→对"常规""文字"和"边框"等选项进行设置→确定→关闭。

2）插入表格

操作："绘图"→ ![icon] →打开"插入表格"对话框→在"表格样式名称"中选择已定义的表格样式→选择表格插入方式"指定插入点"（或"指定窗口"）→设置表格的行数、列数、列宽、行高→设置单元样式→确定→在绘图区指定插入点（或用"指定窗口"指定两角点）→填写表格内容→确定。

### 4. 选择整个表格和单元格的方法

（1）选择整个表格：单击任何一条表格线。

（2）选择一个表单元格：单击单元格空白处。

（3）选择多个表单元格：

① 单击一个单元格，按住"Shift"键选择其他单元格。

② 在表格内拖动鼠标，虚线框覆盖的单元格都被选中。

### 5. 修改表格的行数和列数

在要添加行和列的表格单元内单击后右击，弹出快捷菜单，根据需要进行选择即可。

### 6. 修改表格的行高与列宽

1）利用表格的夹点进行修改

（1）选中整个表格（单击表格的任一条表格线），出现表格夹点，各夹点功能如下。

① 移动左上夹点：移动整个表格。

② 移动右上夹点：均匀修改整个表格宽度。

③ 移动左下夹点：均匀修改整个表格高度。

④ 移动右下夹点：均匀修改整个表格高度和宽。

⑤ 移动列夹点：更改一列宽，也改变相邻列的宽，但整个表格宽不变。

⑥ Ctrl＋列夹点：更改一列宽，不改变相邻列的宽，但整个表格宽改变。

（2）选中一个表单元格或多个单元格，出现单元格夹点后，移动夹点，可改变表格的行高和列宽。

2）使用"特性"选项板进行修改

选中表格，单击"特性" ![icon] 按钮，弹出表格的特性对话框，在对话框中可修改表格宽度和高度。

### 7.修改表格的文字

1）修改表格的文字内容

（1）用鼠标左键在表格内双击,在弹出的多行文字编辑器中重新输入文字或数据。

（2）选定单元格后,按下"F2"键,在弹出的多行文字编辑器中重新输入文字或数据。

2）修改表格内文字的属性

（1）选中文字所在单元格右击,在弹出的快捷菜单选择相关项目进行修改。

（2）选中文字所在单元格,使用"特性"选项板进行修改。

【思考与上机操作】

1. 设置表格样式并绘制如图 4-19 所示的标题栏表格。

要求:（1）字体为长仿宋字。

（2）"图号"、"校名"字高为 7,其余字高为 3.5。

| （图　号） | | | 比例 | | 共　张 | |
| | | | 质量 | | 第　张 | |
| 制图 | （签名） | （学号） | | | | |
| 设计 | | | （校名） | | | |
| 审核 | | | | | | |
| 12 | 25 | 20 | 15 | 15 | 23 | 20 |
| | | | 130 | | | |

5×7(=35)

**图 4-19　标题栏**

2. 注写"技术要求"文字,如图 4-20 所示。

要求:（1）技术要求的标题字高 7。

（2）技术要求的内容字高 5。

技术要求
1.未注圆角*R3~R5*。
2.调制处理220~260 HB。

**图 4-20　注写技术要求练习**

# 项目五 尺寸的标注与编辑

【学习目标】

图形只是用来表达物体的外观形状,不能反映物体的大小,尺寸标注则是对图形的测量进行注释,可以显示物体的大小和各部分之间的相对位置关系。在工程制图中,尺寸标注是一项细致而重要的工作。本项目将结合四个任务,介绍各种尺寸标注的方法和使用技巧。

【知识要点】

本项目将介绍尺寸标注的样式的设置、各种尺寸、尺寸公差、表面粗糙度、引线形位公差的标注方法。

## 任务一 设置尺寸标注的样式

### 一、创建工程文字样式

要建立符合国标规定的尺寸样式,首先要先建立符合国标的工程文字样式。单击"注释"选项卡中"文字"面板右下角的 ➘ 按钮,打开文字样式管理器窗口。弹出的对话框如图 5-1 所示。单击"文字样式"对话框中的"新建"按钮,弹出如图 5-2 所示的对话框,将样式名改为"工程文字",单击"确定",创建新的文字样式。在弹出的"文字样式"对话框中将字体文件改为"gbeitc. shx"和"gbcbig. shx",如图 5-3 所示,单击"应用"按钮,完成工程文字样式的创建。

**图 5-1 "文字样式"对话框**

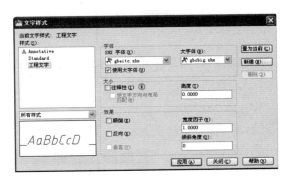

图 5-2 "新建文字样式"对话框 图 5-3 "文字样式"对话框

## 二、创建标注样式

单击"注释"选项卡中"标注"面板右下角的 ▶ 按钮,打开标注样式管理器窗口。弹出的对话框如图 5-4 所示。单击"标注样式管理器"对话框中的"新建"按钮,弹出如图 5-5 所示的对话框,将新样式名改为"尺寸标注",单击"继续",创建新的标注样式。

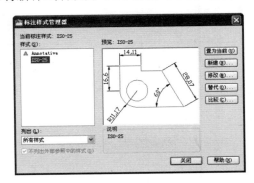

图 5-4 "标注样式管理器"对话框

图 5-5 "创建新标注样式"对话框

# 三、设置尺寸样式

完成新的标注样式的创建之后,进行尺寸标注样式的设置,其步骤如下。

## 1. 设置尺寸线和延伸线

选择"线"选项卡,如图 5-6 所示。将"基线间距"值设为 7,"超出尺寸线"值设为 2,"起点偏移量"值设为 0。

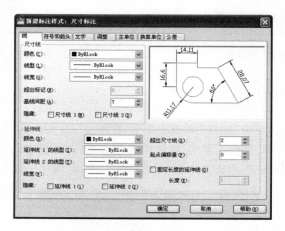

图 5-6 "线"选项卡

## 2. 设置符号和箭头

选择"符号和箭头"选项卡,如图 5-7 所示。将"箭头大小"值设为 3.5。

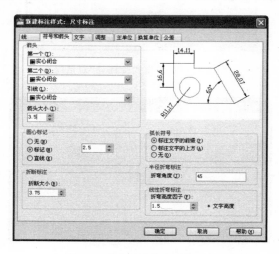

图 5-7 "符号和箭头"选项卡

## 3. 设置文字

选择"文字"选项卡,如图 5-8 所示。将"文字样式"值设为"工程文字","文字高度"值设为 3.5,"从尺寸线偏移"值设为 0.8。

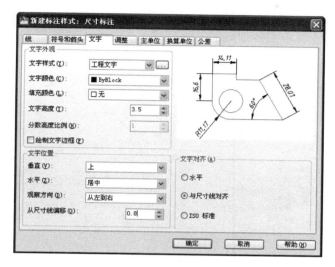

**图 5-8 "文字"选项卡**

## 4. 调整尺寸文本、尺寸线和箭头

选择"调整"选项卡,保持原有选项不变,如图 5-9 所示。

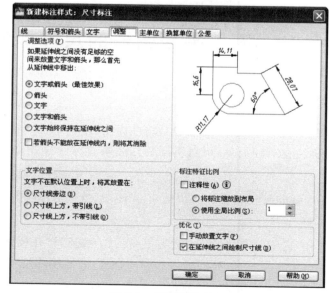

**图 5-9 "调整"选项卡**

## 5．设置主单位的格式

选择"主单位"选项卡，如图 5-10 所示。在"小数分隔符"下拉列表中选择"句点"，其余参数保持不变。

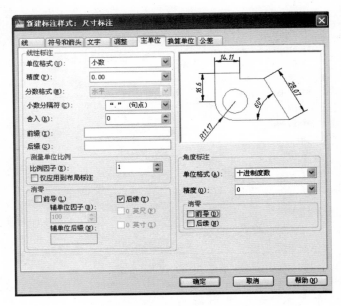

**图 5-10** "主单位"选项卡

单击"确定"按钮，完成尺寸标注样式的设置。

# 任务二　简单平面图形的尺寸标注

## 一、吊钩的尺寸标注

吊钩尺寸标注如图 5-11 所示，主要包括线性标注、连续标注、半径标注和直径标注等。吊钩尺寸标注相对较简单，可对不同的标注新建标注样式，然后分别进行标注，其步骤如下。

（1）单击"图层特性 🖧"按钮，新建"尺寸线"图层，默认线型线宽，并将"尺寸线"图层设置为当前图层。

（2）单击"注释"选项卡中"标注"面板右下角的 ↘ 按钮，打开标注样式管理器窗口。将任务 1 新建的"尺寸标注"样式设置为当前样式，开始线性尺寸的标注。

（3）单击"注释"选项卡中"标注"面板左上角的"线性标注"按钮 ⊢━┤，分别捕捉 A、B、C、D 点，完成线性尺寸 6 和 10 的标注，结果如图 5-12 所示。

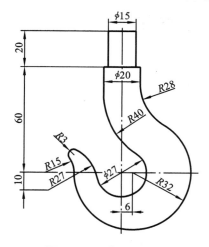

图 5-11　吊钩尺寸标注

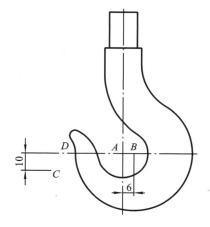

图 5-12　吊钩线性尺寸的标注

（4）在"标注"面板中单击"连续标注"按钮，分别捕捉 E、F 点，完成尺寸 60 和 20 的标注，结果如图 5-13 所示。

（5）单击"注释"选项卡中"标注"面板右下角的 按钮，打开标注样式管理器窗口。单击对话框中的"新建"按钮，在弹出的"创建新标注样式"对话框中，将新样式名设为"直径标注"，将基础样式通过下拉菜单选择"尺寸标注"，如图 5-14 所示。单击"继续"，创建直径标注样式。

（6）在新建直径标注样式对话框中，选择"主单位"选项卡，如图 5-15 所示，在前缀选项中输入"％％c"，其余参数保持不变，单击"确定"按钮，完成直径标注样式的创建。

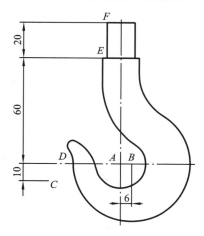

图 5-13　吊钩线性尺寸的标注

图 5-14　创建直径标注样式

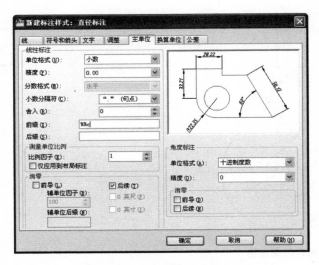

图 5-15　新建直径标注样式对话框

（7）在"标注"面板中单击"线性标注"按钮 ⊢⊣，完成尺寸 $\phi15$ 和 $\phi20$ 的标注，单击"直径标注"按钮 ◎，完成尺寸 $\phi27$ 的标注，结果如图 5-16 所示。

（8）在"标注"面板中单击"半径标注"按钮 ◎，完成所有半径尺寸的标注，结果如图 5-17 所示。

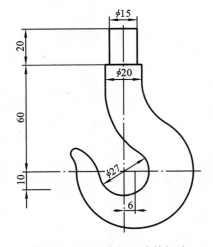

图 5-16　吊钩直径尺寸的标注

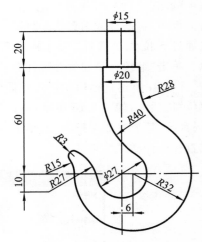

图 5-17　吊钩半径尺寸的标注

## 二、组合体三视图的尺寸标注

组合体三视图的尺寸标注结果如图 5-18 所示，主要包括线性标注、连续标注、基线标注和直径标注等。该尺寸标注相对较简单，可对不同的标注新建标注样式，然后分别进行标注,其步骤如下。

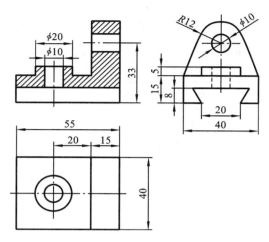

图 5-18　组合体三视图尺寸标注

（1）将"尺寸线"图层设置为当前图层。

（2）单击"注释"选项卡中"标注"面板右下角的 ▶ 按钮,打开标注样式管理器窗口。将吊钩尺寸标注时创建的"尺寸标注"样式置为当前样式,开始线性尺寸的标注。

（3）单击"注释"选项卡中"标注"面板左上角的"线性标注"按钮 ⊢⊣,完成线性尺寸 33、40、20 和 40 的标注,结果如图 5-19 所示。

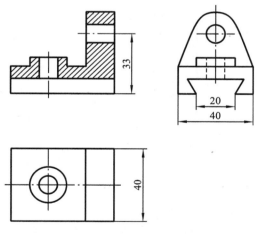

图 5-19　组合体三视图尺寸标注

（4）在"标注"面板中单击"线性标注"按钮 ⊢⊣,分别完成线性尺寸 55 和 20 的标注,接着单击"连续标注"按钮 ⊢⊢,完成尺寸 15 的标注,结果如图 5-20 所示。

（5）在"标注"面板中单击"线性标注"按钮 ⊢⊣,完成线性尺寸 8 的标注,接着单

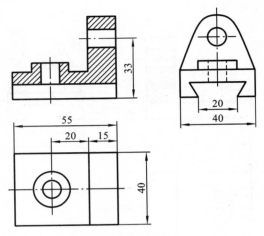

图 5-20　组合体三视图尺寸标注

击"基线标注"按钮 ⊏，完成尺寸 15 的标注，单击"连续标注"按钮 ⊢⊣，完成尺寸 5 的标注，结果如图 5-21 所示。

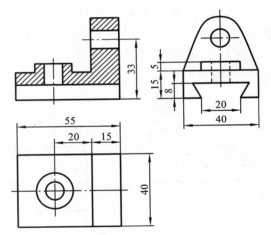

图 5-21　组合体三视图尺寸标注

（6）在"标注"面板中单击"半径标注"按钮 ◠，完成半径 R12 的标注，接着单击"直径标注"按钮 ◐，完成尺寸 $\phi$10 的标注，结果如图 5-22 所示。

（7）单击"注释"选项卡中"标注"面板右下角的 � 按钮，打开标注样式管理器窗口。将吊钩尺寸标注时创建的"直径标注"样式置为当前样式。

（8）单击"标注"面板左上角的"线性标注"按钮 ⊢⊣，完成尺寸 $\phi$10 和 $\phi$20 的标注，结果如图 5-23 所示。

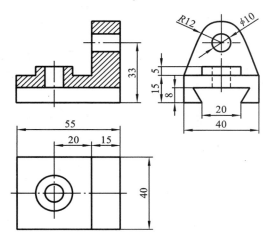

图 5-22 组合体三视图尺寸标注

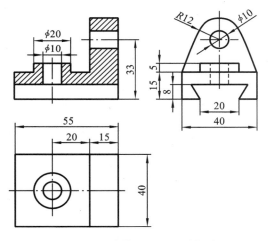

图 5-23 组合体三视图尺寸标注

# 任务三 零件图的尺寸标注

箱体类零件的尺寸标注结果如图 5-24 所示,除了一般的尺寸标注外,还增加了尺寸公差标注、形位公差标注、引线标注和表面粗糙度的标注等。

## 一、线性尺寸标注

(1) 将"尺寸线"图层设置为当前图层。

(2) 单击"注释"选项卡中"标注"面板右下角的 ⬎ 按钮,打开标注样式管理器窗

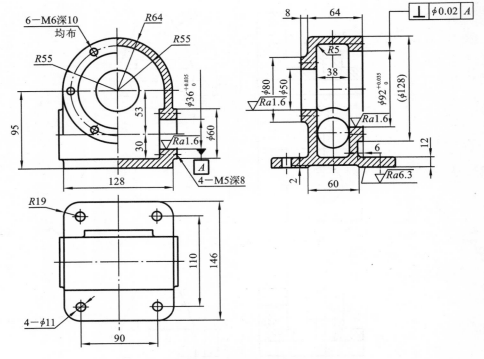

**图 5-24　箱体零件尺寸标注**

口。将吊钩尺寸标注时创建的"尺寸标注"样式置为当前样式,开始线性尺寸的标注。

(3) 单击"注释"选项卡中"标注"面板左上角的"线性标注"按钮 ⊢⊣,完成线性尺寸的标注,结果如图 5-25 所示。

## 二、直径尺寸标注

(1) 单击"注释"选项卡中"标注"面板右下角的 ⬰ 按钮,打开标注样式管理器窗口。将吊钩尺寸标注时创建的"直径标注"样式置为当前样式,开始直径尺寸的标注。

(2) 在"标注"面板中单击"线性标注"按钮 ⊢⊣,分别完成尺寸 $\phi60$、$\phi80$、$\phi50$ 的标注。

(3) 在标注 $\phi128$ 时,在选完两端的尺寸界限后,在命令提示区输入大写字母 $M$,进入多行文字编辑器,将编辑器中 $\phi128$ 添加括号,完成($\phi128$)的标注。

(4) 在标注 $\phi36_{0}^{+0.035}$ 时,先标注 $\phi36$,然后双击该尺寸,弹出该尺寸的"特性"对话框,如图 5-26 所示。在"公差"选项组中,在"显示公差"下拉列表框中选择"极限偏差",在"公差下偏差"文本框中输入"0",在"公差上偏差"文本框中输入"0.035",在"水平放置"文本框中选择"中",在"公差精度"文本框中选择"0.000",在"公差消去后续零"文本框中选择"是",然后关闭该对话框,完成尺寸 $\phi36_{0}^{+0.035}$ 的标注。尺寸

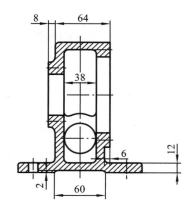

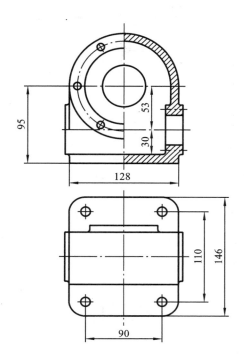

**图 5-25 箱体零件尺寸标注**

$\phi 92^{+0.035}_{0}$ 的标注方法与 $\phi 36^{+0.035}_{0}$ 的标注方法相同。

（5）单击"注释"选项卡中"标注"面板右下角的 ⬊ 按钮，打开标注样式管理器窗口。单击"替代"按钮，如图 5-27 所示，弹出替代样式管理器窗口，在"文字"选项卡中将"文字对齐"选项改为"水平"，关闭选项卡，完成 $4-\phi 11$ 尺寸的标注。

（6）该零件图的直径尺寸标注完毕，结果如图 5-28 所示。

**图 5-26 添加尺寸公差**

# 三、半径尺寸标注

（1）单击"注释"选项卡中"标注"面板右下角的 ⬊ 按钮，打开标注样式管理器窗口。将"尺寸标注"样式置为当前样式。单击"替代"按钮，弹出替代样式管理器窗口，在"文字"选项卡中将"文字对齐"选项改为"水平"，关闭选项卡，开始半径尺寸的标注。

（2）在"标注"面板中单击"半径标注"按钮 ⌖，分别完成尺寸 $R19$、$R55$、$R5$ 和 $R64$ 的标注，结果如图 5-29 所示。

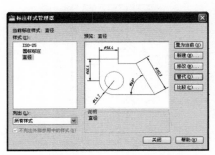 

**图 5-27　替代样式管理窗口**

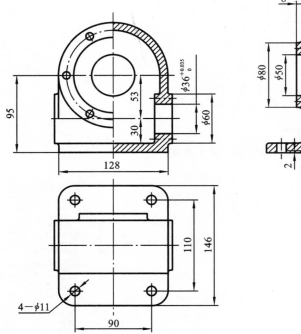 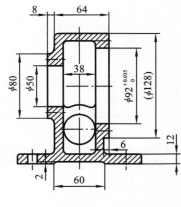

**图 5-28　箱体零件尺寸标注**

## 四、引线标注

（1）单击"注释"选项卡中"引线"面板右下角的 ⬛ 按钮，打开多重引线样式管理器窗口。单击"新建"按钮，弹出"创建新多重引线样式"对话框，如图 5-30 所示，在该对话框中输入新样式的名称为"引线标注"，然后单击"继续"按钮，对新样式的各参数进行设置。参数设置如图 5-31 所示，单击"确定"按钮完成多重引线样式的设置。

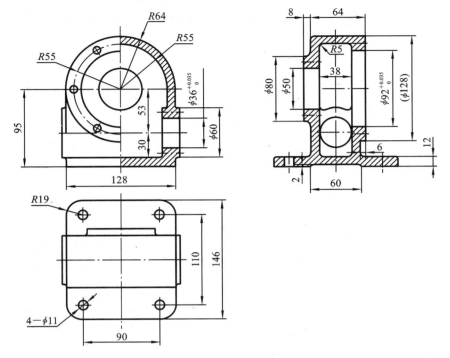

图 5-29　箱体零件尺寸标注

图 5-30　多重引线样式管理器

（2）单击"引线"面板左上角的"多重引线"按钮 <sup></sup>，完成图中两处多重引线的标注，标注结果如图 5-32 所示。

## 五、形位公差标注

（1）单击"注释"选项卡中"引线"面板右下角的 按钮，打开多重引线样式管理器窗口。如图 5-33 所示，单击"修改"按钮，弹出"修改多重引线样式"对话框，将"引

图 5-31　设置多重引线参数

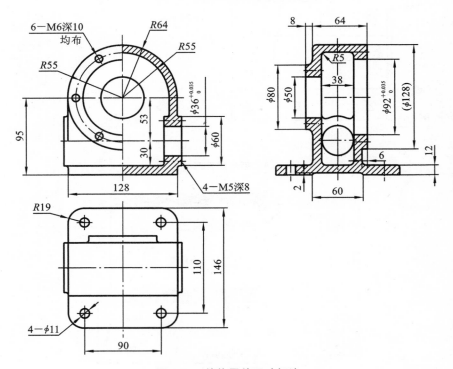

图 5-32　箱体零件尺寸标注

线结构"选项卡中"最大引线点数"改为 3,其他参数保持不变,单击"确定"按钮,完成多重引线样式的修改。

（2）单击"引线"面板左上角的"多重引线"按钮 ，完成形位公差中引线部分的标注。

（3）接着单击标注面板中"标注"下拉列表中的"公差 "按钮,弹出"形位公差"对话框,如图 5-34 所示。单击"符号"黑色块,打开"特征符号"对话框,单击"垂直度"⊥公差符号。

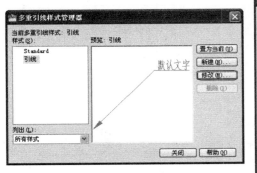

**图 5-33 修改多重引线样式**

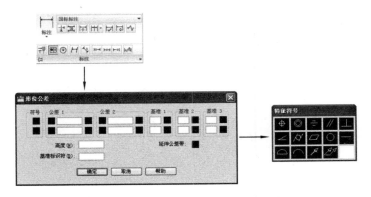

**图 5-34 形位公差标注**

（4）接着如图 5-35 所示，继续填入公差值的大小，输入基准代号 A，单击"确定"按钮，将公差控制框放置在第（2）步完成的引线末端上，完成该形位公差的标注。

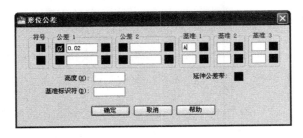

**图 5-35 形位公差标注**

（5）标注基准符号 A。用粗实线、细实线和单行文字等功能，实现基准符号的标注。标注结果如图 5-36 所示。

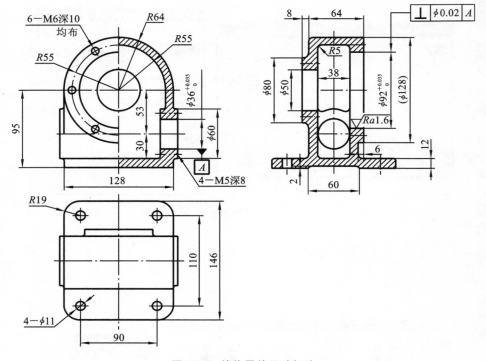

图 5-36　箱体零件尺寸标注

## 六、表面粗糙度标注

（1）单击"常用"选项卡中"直线"按钮 ，绘制粗糙度符号，如图 5-37 所示，不必标注尺寸。

图 5-37　粗糙度符号

（2）单击"常用"选项卡中"块"面板上的"创建"按钮 ，打开"块定义"对话框。在"名称"下拉列表框中输入"粗糙度"，单击"拾取点"按钮，在绘图区拾取粗糙度符号图形的底部端点，然后单击"选择对象"按钮，在绘图区选中粗糙度符号图形，按下"Enter"键返回"块定义"对话框，其余保持默认设置，单击"确定"按钮关闭对话框，如图 5-38 所示。

（3）单击"块"面板上的"插入"按钮 ，打开"插入"对话框，其余设置默认不变，单击"确定"按钮，在图形中合适的位置放置粗糙度符号，放置时，可指定适当的比例和旋转角度。

（4）单击"注释"面板上的"多行文字"下拉列表中的"单行文字 A"按钮，在适当的位置输入粗糙度参数值，标注结果如图 5-39 所示。

（5）该箱体零件的尺寸标注完成。

图 5-38 块定义

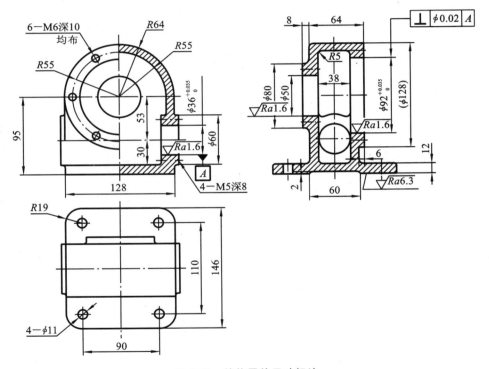

图 5-39 箱体零件尺寸标注

# 任务四 装配图的尺寸标注

装配图和零件图在生产中所起的作用不同。装配图中,不必注全所属的全部尺寸,只需标注出与机器或部件的性能、工作原理、装配关系及安装、运输等有关方面的尺寸。

台钳装配图的尺寸标注结果如图 5-40 所示。

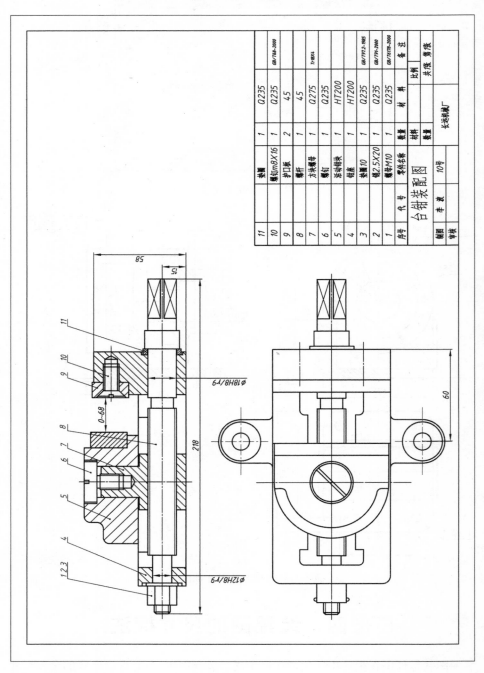

| 序号 | 代号 | 零件名称 | 数量 | 材料 | 备注 |
|---|---|---|---|---|---|
| 11 | | 垫圈 | 1 | Q235 | GB/T68—2000 |
| 10 | | 螺钉m8X16 | 1 | Q235 | |
| 9 | | 护口板 | 2 | 45 | |
| 8 | | 螺杆 | 1 | 45 | Tr18X4 |
| 7 | | 方块螺母 | 1 | Q275 | |
| 6 | | 螺钉 | 1 | Q235 | |
| 5 | | 活动钳块 | 1 | HT200 | |
| 4 | | 钳座 | 1 | HT200 | |
| 3 | | 垫圈10 | 1 | Q235 | GB/T97.2—1985 |
| 2 | | 销2.5X20 | 1 | Q235 | GB/T91—2000 |
| 1 | | 螺丝M10 | 1 | Q235 | GB/T67B—2000 |

台钳装配图

制图  10号      比例      长远机械厂
审核              共张第张

图 5-40  台钳装配图尺寸标注

(1) 将"尺寸线"图层设置为当前图层。

(2) 单击"注释"选项卡中"标注"面板右下角的 ⌄ 按钮,打开标注样式管理器窗口。将"尺寸标注"样式置为当前样式。

(3) 单击"注释"选项卡中"标注"面板左上角的"线性标注"按钮 ├──┤,完成线性尺寸 15、58、218、60 的标注。

(4) 标注尺寸 $\phi$12H8/r9。单击"线性标注"按钮 ├──┤,在选定两端的尺寸界限后,在命令提示区输入大写字母 M,进入多行文字编辑器,单击文字编辑器中"符号"下拉列表,选择直径选项,在尺寸 12 前插入直径符号 $\phi$,如图 5-41 所示。在尺寸 12 后面输入 H8/r9,完成尺寸 $\phi$12H8/r9 的标注。

**图 5-41　多行文字标注**

(5) 其余尺寸按相同的方法标注,完成台钳装配图的尺寸标注。

## 【项目总结】

本项目共包含四个尺寸标注任务,分别是设置尺寸标注样式、吊钩两个简单平面图形和组合体三视图的尺寸标注、箱体零件图的尺寸标注和台钳装配图的尺寸标注。知识点覆盖面较广,包括了尺寸的线性标注、连续标注、基线标注、直径标注、半径标注、尺寸公差标注、位置公差标注、引线标注、表面粗糙度标注、单行文字标注、多行文字标注等。任务的设计从易到难,逐步深入。需要指出的是,相同的标注结果可采用多种标注方法来实现,而本教程只讲解了其中一种标注方法。

## 【思考与上机操作】

标注图 5-42 至图 5-44 所示零件图形。

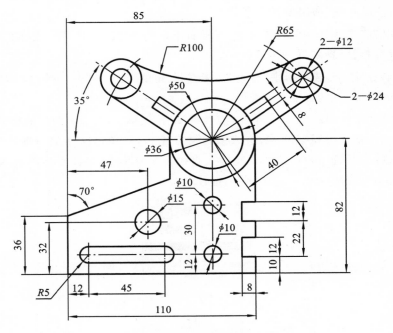

图 5-42　平面图形

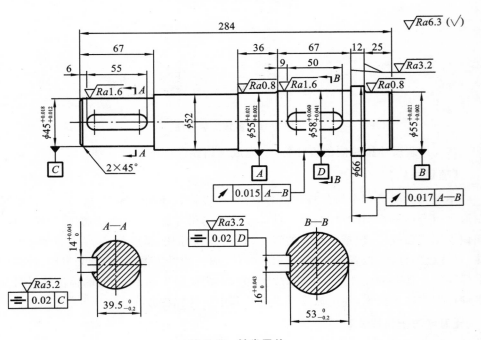

图 5-43　轴类零件

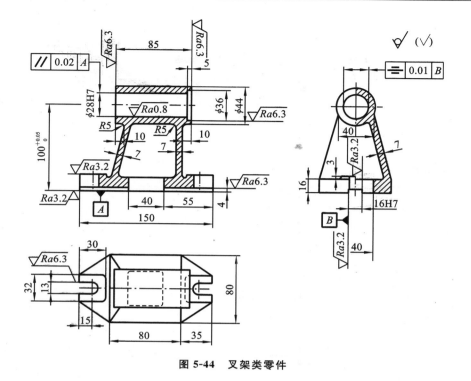

图 5-44　叉架类零件

# 项目六　零件图的绘制

【学习目标】

（1）能够熟练使用图块功能创建常用的机械制图标注。

（2）能够熟练使用图块功能创建带属性的图块。

（3）能够读懂零件图并能够按正确的步骤熟练地绘制零件图。

【知识要点】

（1）图块的功能及类型。

（2）图块的创建以及插入块的操作方法。

（3）绘制零件图的步骤和方法。

# 任务一　块及其属性

在使用 AutoCAD 进行绘图时，图块尤其是属性块是经常用到的功能，利用图块功能可以把在制图时常用的图形符号如表面粗糙度、基准符号、标题栏、常用标准件、剖切符号等创建为带属性的图块，需要用到图块时，进行块插入操作可以提高绘图的速度和效率。图块可以分为外部图块和内部图块。外部图块可以存储到硬盘或移动磁盘中，方便重复使用或其他文件引用，实现资源共享，比较常用。内部图块只局限于定义图块的图形文件内部使用。

## 一、创建块及使用块

### 1. 创建块

如图 6-1 所示，以标题栏为例，介绍如何创建内部图块和外部图块。

| (图名) | | 材料 | | 比例 | |
|---|---|---|---|---|---|
| | | 数量 | | 图号 | |
| 制图 | | | 学校名称(班级) | | |
| 校核 | | | | | |

图 6-1　标题栏

1）创建内部图块

（1）单击工具图标  或在命令行输入"b"，启动创建内部图块命令。

（2）设置块定义的对话框。如图 6-2 所示，在"名称"区域输入"标题栏"，"单位"选择公制单位"毫米"。

（3）选择对象定义为图块。如图 6-3 所示，点击"选择对象"按钮后，切换到绘图状态，用鼠标左键框选整个标题栏后按回车键返回"块定义"对话框。

图 6-2 "块定义"对话框

图 6-3 选择对象

（4）定义图块的插入基点。如图 6-4 所示，点击"拾取点"按钮，切换到绘图状态，用鼠标左键点击标题栏的右下角点为插入基点，最后单击"确定"按钮完成内部图块的创建。

| (图名) | 材料 | | 比例 | |
| | 数量 | | 图号 | |
| 制图 | | 学校名称(班级) | | |
| 校核 | | | | |

图 6-4 拾取插入基点

2）创建外部图块

（1）在命令行输入"W"启动"写块"命令。打开"写块"对话框，如图 6-5 所示，注意插入单位为"毫米"。

（2）选择对象定义为图块。如图 6-6 所示，单击"选择对象"按钮后，切换到绘图状态，用鼠标左键框选整个标题栏后，按回车键返回"写块"对话框。

（3）定义图块的插入基点。如图 6-7 所示，点击"拾取点"按钮，切换到绘图状态，用鼠标左键点击标题栏的右下角点为插入基点。

（4）设置写块的文件名和存储路径，路径和文件名可以根据实际情况设置。最后单击"确定"按钮完成写块的创建，如图 6-8 所示。

**图 6-5　"写块"对话框**

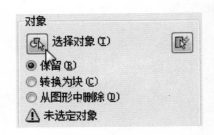

**图 6-6　选择对象**

| (图名) | | 材料 | | 比例 | |
|---|---|---|---|---|---|
| | | 数量 | | 图号 | |
| 制图 | | 学校名称(班级) | | | |
| 校核 | | | | | |

**图 6-7　拾取插入基点**

**图 6-8　设置文件名和路径**

3）图块的使用

"内部图块"和"外部图块"都是用图块"插入"命令来使用的。在使用图块的时候，可根据实际情况对图块进行缩放、旋转等几何变换。

打开指定文件 Project6 中的"案例 6-2.dwg"，该图形文件为 A4 图框，图幅尺寸为 297×210，作为图块插入练习文件，如图 6-9 所示。

进行外部图块"插入"操作。单击工具图标 或在命令行输入"i"，启动图块"插入"命令，如图 6-10 所示。

单击"浏览"按钮，找到指定文件 Project6 中的"案例 6-3 标题栏图块.dwg"，如图 6-11 所示。

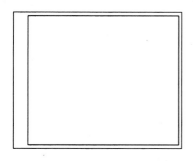

图 6-9 A4 图框

图 6-10 "块插入"对话框

名称(N): 案例6-3 标题栏图块    浏览(B)...

路径: E:\CAD教材\素材案例\案例6-3 标题栏图块.dwg

图 6-11 浏览图块文件路径

单击"确定"按钮,切换到绘图区域进行图块插入,在屏幕上指定图块的插入位置,在本案例中,选取 A4 图框的内边框右下角为插入点。注意使用图块插入时,相应的对象捕捉要开启,这样才能准确地捕捉到正确的位置,完成外部图块的插入,结果如图 6-12 所示。

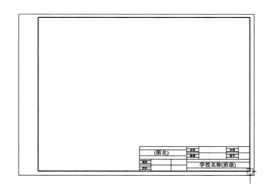

图 6-12 外部图块的插入

## 二、创建并使用带有属性的块

在 AutoCAD 机械制图中,有些非图形信息是需要变更的,这些要变更的信息一般是文字信息,例如表面粗糙度值、标题栏的填写、基准符号中的基准值。AutoCAD 的图块属性功能可以把上述的文字信息定义为图块的属性,在插入图块的过程中根据实际需要进行注释。下面将完成带属性的表面粗糙度符号图块的插入,用于标注不同的表面粗糙度值。

（1）打开指定文件 Project6 中的"案例 6-4.dwg"，参照图 6-13 完成表面粗糙度的标注。

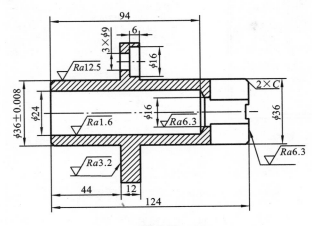

图 6-13

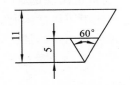

图 6-14　表面粗糙度符号

（2）按照图 6-14 绘制表面粗糙度符号。

（3）定义图块属性。

① 点击"插入"菜单→定义属性 按钮或在命令行输入"att"，打开"属性定义"对话框，如图 6-15 所示。

② 设置"属性定义"对话框。"属性定义"的设置包括"属性"、"文字设置"，参数设置可参考图 6-16，其余使用默认值。单击"确定"按钮后切换成绘图状态，用鼠标左键在合适的位置单击放置属性标记"*Ra*"，如图 6-17 所示。

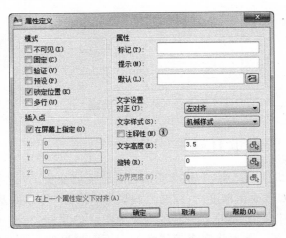

图 6-15　"属性定义"对话框

(a) 属性设置

(b) 文字设置

图 6-16　"属性定义"对话框

（4）创建外部图块，命名为表面粗糙度图块。

① 在命令行输入"W"，启动"写块"命令，打开"写块"对话框，如图 6-18 所示。

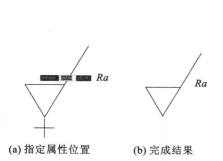

(a) 指定属性位置　　　(b) 完成结果

图 6-17　放置属性标记

图 6-18　"写块"对话框

② 按照前面介绍的步骤，选择对象，定义基点，设置文件名和路径，如图 6-19 所示。

(a)　　　　　　　　　(b) 设置文件名和路径

图 6-19　创建命名为表面粗糙度的外部图图块

（5）标注零件图中的表面粗糙度符号。

① 在命令行输入"i"或单击工具图标 启动"块插入"命令，打开"块插入"对话框，单击"浏览"按钮，找到"表面粗糙度图块"，如图 6-20 所示。

② 单击"确定"按钮，切换到绘图区域进行表面粗糙度的标注。值得注意的是，在对粗糙度进行标注之前，对象捕捉的设置最好只开启"最近点"的捕捉，其他捕捉关闭，这样才方便粗糙度符号的标注，如图 6-21 所示。

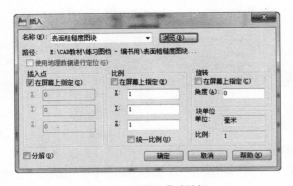

图 6-20  "插入"对话框 图 6-21  "最近点"捕捉设置

③ 找到合适的位置标注第一个粗糙度符号,在命令提示行输入"1.6",如图 6-22 所示。

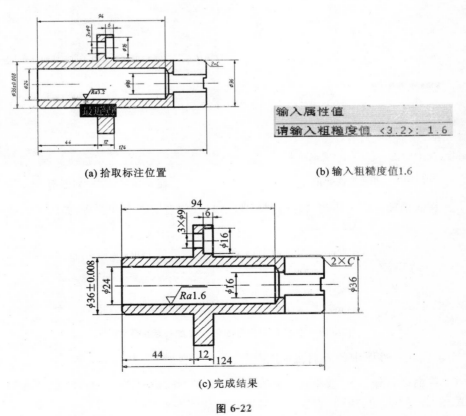

(a) 拾取标注位置 (b) 输入粗糙度值1.6

(c) 完成结果

图 6-22

④ 采用同样方法标注其他的粗糙度符号。需要注意的是,在标注 Ra3.2 和 Ra6.3时要注意角度的旋转,Ra3.2 要旋转 90°,右侧处的 Ra6.3 要旋转-90°。完成结果如图 6-23 所示。

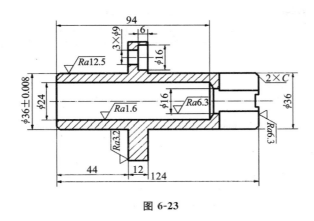

图 6-23

## 三、修改块属性

完成上述的练习之后,我们可以仔细观察一下,有些粗糙度符号在进行旋转后文字会反向,如图 6-24 所示,这是错误的表示,必须进行编辑修改。

单击工具图标 或双击要修改的属性块,打开"属性编辑器",如图 6-25 所示。

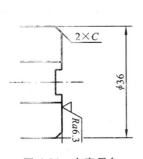

图 6-24　文字反向

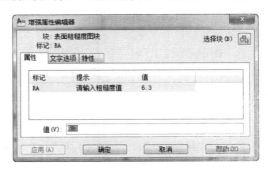

图 6-25　属性编辑器

属性编辑器包括"属性"、"文字选项"、"特性"三个选项卡,"属性"选项卡用于修改数值,"文字选项"选项卡用于修改文字样式、对正方式、文字高度、旋转角度,"特性"选项卡用于修改图层、线型、颜色。在本案例中,需要用指引线引出文字反向的表面粗糙度。修改设置和完成结果如图 6-26 所示。

(a) 修改设置　　　　　　　(b) 完成结果

图 6-26　文字修改

# 任务二　简单零件图的绘制

## 一、设置绘图环境

绘图环境设置是绘图前必需的基本操作，主要包括以下设置。

### 1. 图层设置

图层设置的内容如表 6-1 所示。

**表 6-1　图层设置**

| 图层名称 | 颜色(颜色号) | 线型 | 线宽 |
| --- | --- | --- | --- |
| 01 | 绿(3) | 实线 continuous(粗实线用) | 0.7 |
| 02 | 白(7) | 实线 continuous(细实线、尺寸标注及文字用) | 0.3 |
| 04 | 黄(2) | 虚线 ACAD_ISO02W100 | 0.3 |
| 05 | 红(1) | 点画线 ACAD_ISO04W100 | 0.3 |
| 07 | 粉红(6) | 双点画线 ACAD_ISO05W100 | 0.3 |

### 2. 设置线性比例

在命令行输入"ltscale"：↙，再输入 0.35，或者单击"线型 ByLayer"→其他→全局比例因子：0.35。

### 3. 设置绘图单位

单击"主菜单"→"图形实用工具"→"单位"，打开"图形单位"设置对话框，进行设置，如图 6-27 所示。

## 二、设置文字及标注样式

### 1. 文字样式设置

在命令行输入"st"或单击"注释"菜单→"文字样式"，打开"文字样式"对话框进行设置，如图 6-28 所示。

设置内容如下。

单击"新建"按钮，设置文字"样式"名为"机械样式"。

"SHX 字体"：gbeitc. shx；勾选"使用大字体"。

"大字体"：gbcbig. shx。

"高度"：3.5。

图 6-27　图形单位设置

图 6-28　文字样式设置

## 2. 标注样式设置

在命令行输入"d"或者单击"注释"菜单→"标注样式",打开"标注样式"对话框进行以下设置。

(1)"新建"→"新样式名"→机械→"继续"。

(2)"线"选项卡设置,如图 6-29 所示。

(3)"符号和箭头"选项卡设置,如图 6-30 所示。

(4)"文字"选项卡设置,如图 6-31 所示。

(5)"调整"选项卡设置,如图 6-32 所示。

(6)"主单位"选项卡设置,如图 6-33 所示。

(7)设置完成后,单击"确定"按钮,返回"标注样式"对话框,单击"置为当前",将设置好的"机械"标注样式激活。由于绘图环境设置都是一样的,因此可以把上述绘

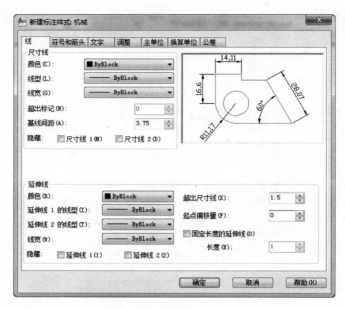

图 6-29 "线"选项卡

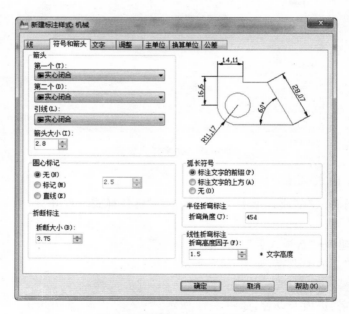

图 6-30 "符号和箭头"选项卡

图环境设置所有步骤完成后保存为"绘图设置样板.dwg",方便以后绘图时直接调用,提高工作效率。

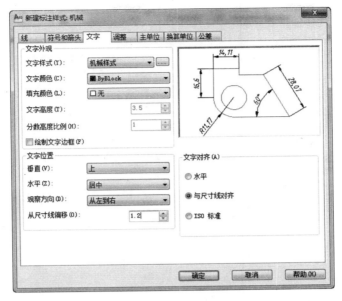

**图 6-31 "文字"选项卡**

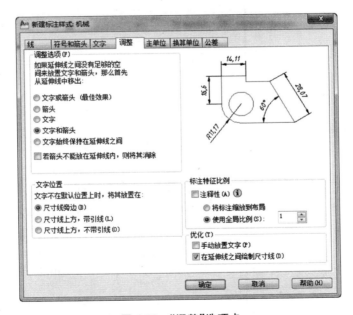

**图 6-32 "调整"选项卡**

# 三、绘制轴类零件图

绘制图 6-34 所示传动轴零件图的操作步骤如下。

图 6-33 "主单位"选项卡

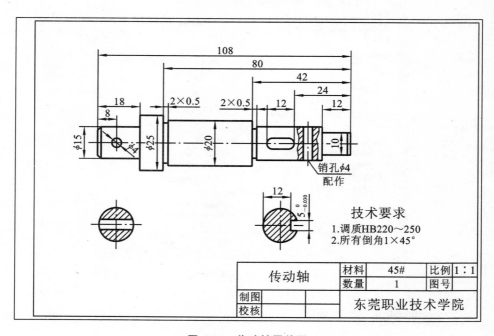

图 6-34 传动轴零件图

（1）绘制传动轴的外轮廓。一般轴类零件的主体轮廓是对称的，因此一般可以只绘制轮廓的一半，再进行镜像。绘制完成的结果如图 6-35 所示。

图 6-35　绘制传动轴的外轮廓

（2）使用镜像命令绘制轮廓的另一半，并绘制键槽与销孔，如图 6-36 所示。

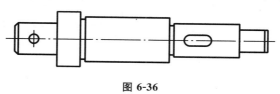

图 6-36

（3）绘制传动轴的移出断面图和局部剖视图，完成结果如图 6-37 所示。

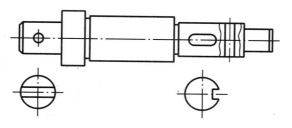

图 6-37

（4）绘制传动轴的剖切符号，完成结果如图 6-38 所示。

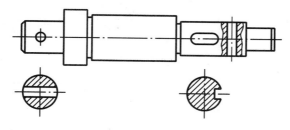

图 6-38

（5）标注传动轴零件图，完成结果如图 6-39 所示。

（6）插入前面练习的"案例 6-2A4 图框.dwg"和"案例 6-3 标题栏.dwg"，并编辑填写"名称"和"校名"信息，完成结果如图 6-40 所示。

【项目总结】

通过本项目的学习，让读者了解了图块的功能，掌握了图块的创建方法、插入方法以及简单零件图的绘制步骤和方法。除了轴类零件，还有盘类零件、叉架类零件、箱体类零件等，其绘制的步骤和方法大同小异，要达到更熟练的水平，读者还需进行

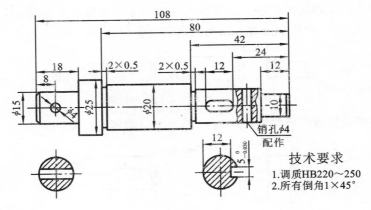

图 6-39

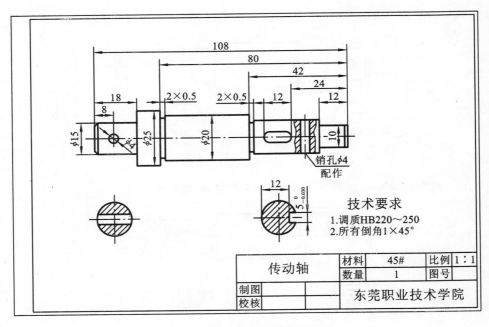

图 6-40 传动轴零件图

更多的练习和强化。

**【思考与上机操作】**

(1) 外部图块和内部图块有什么区别?

(2) 带属性的图块有什么好处?

(3) 如何使用临时追踪的功能提高绘图效率?

(4) 绘制如图 6-41 至图 6-44 所示零件图。

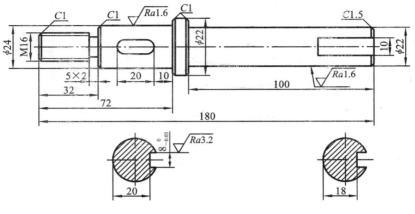

图 6-41

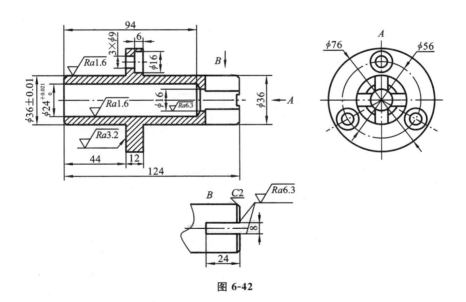

图 6-42

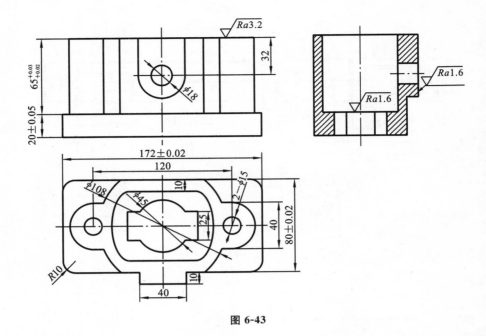

图 6-43

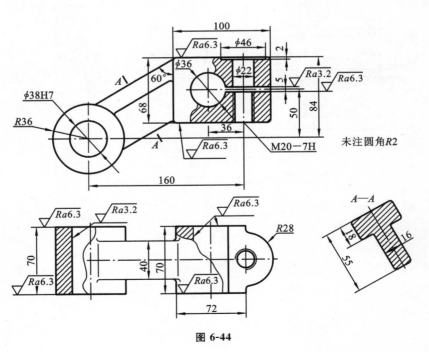

图 6-44

# 项目七 装配图的绘制

【学习目标】

（1）熟悉装配图的内容，掌握装配图的表示方法。

（2）掌握绘制装配图的步骤和方法。

【知识要点】

（1）装配体的名称、用途和组成的零件数目（包括标准件）。

（2）装配图的表达方案。

（3）拼装法绘制装配图的步骤和方法。

（4）技术要求、零件序号和明细栏。

## 任务一 编写零件序号、技术要求、标题栏和明细栏

装配图的内容主要包括：装配图、零件序号、技术要求、标题栏和明细栏。通过完成任务一的练习，可以熟练掌握如何使用 AutoCAD 进行编写零件序号、技术要求、标题栏和明细栏。

### 一、编写零件序号

通过图 7-1 中零件序号编写的学习，掌握编写零件序号的方法。图 7-1 中零件序号编写的操作步骤如下。

（1）启动 AutoCAD 软件，打开指定文件 Project7 中的"案例 7-1 结构齿轮装配图.dwg"。

（2）编写零件序号。

① 在命令行输入"qleader"启动快速引线命令，如图 7-2 所示。

② 设置快速引线。按回车键进行快速引线设置，设置的选项包括"注释"、"引线和箭头"和"附着"三个选项卡，分别进行设置，如图 7-3（a）、（b）、（c）所示，完成后按"确定"按钮。

③ 编写序号。根据系统的提示"指定第一个引线点"，在图中找到零件 1 后在比较合适的位置点击鼠标左键确定，再确定引线的第二点，如图 7-4 所示。

在命令行的"指定文字宽度"，按回车键；"输入注释文字的第一行＜多行文字

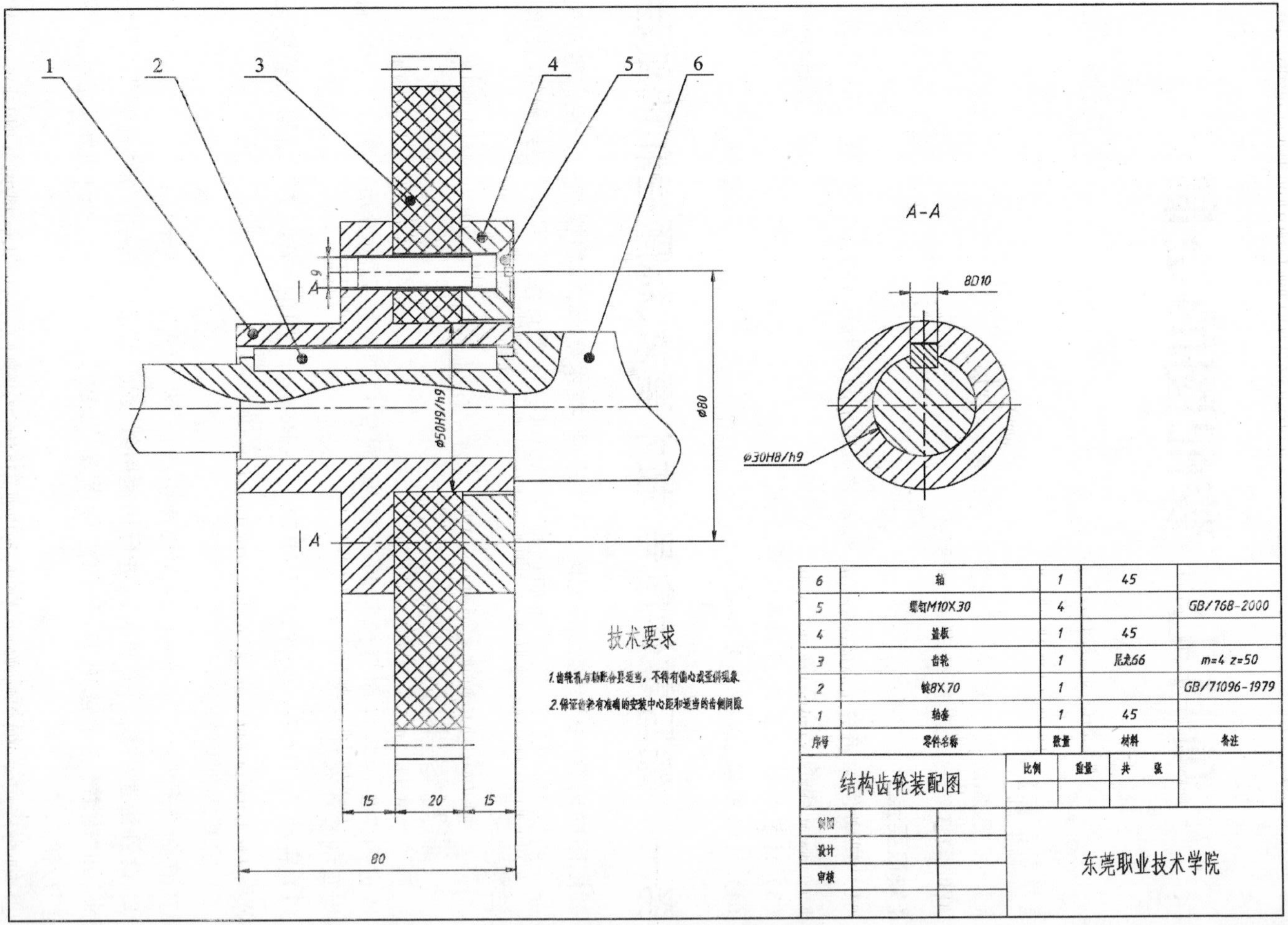

图 7-1 结构齿轮装配图

| 序号 | 名称 | 数量 | 材料 | 备注 |
|---|---|---|---|---|
| 6 | 垫 | 1 | 45 | GB/T68-2000 |
| 5 | 螺钉M10X30 | 4 | 45 | |
| 4 | 压盖 | 1 | HT156 | m=4 z=50 |
| 3 | 齿轮 | 1 | 45 | |
| 2 | 键8X70 | 1 | 45 | GB/T1096-1979 |
| 1 | 轴 | 1 | 45 | |
| 序号 | 零件名称 | 数量 | 材料 | 备注 |

结构齿轮装配图

东莞职业技术学院

A—A

技术要求
1.齿轮名与轴作分开型，不得有偏心及同轴度。
2.安装时齿轮箱的装中心后进至齿轮啮合间隙。

命令：qleader
指定第一个引线点或 [设置(S)] 〈设置〉:

图 7-2 快速引线

(a)"注释"选项卡设置

(b)"引线和箭头"选项卡设置

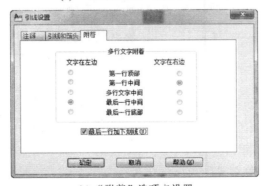

(c)"附着"选项卡设置

图 7-3 引线设置

(M)〉:"输入"1";"输入注释文字的第二行:"按回车键,完成结果如图 7-5 所示。

④ 编写其他零件序号。采用同样步骤方法编写零件 2、3、4、5 的序号。要注意

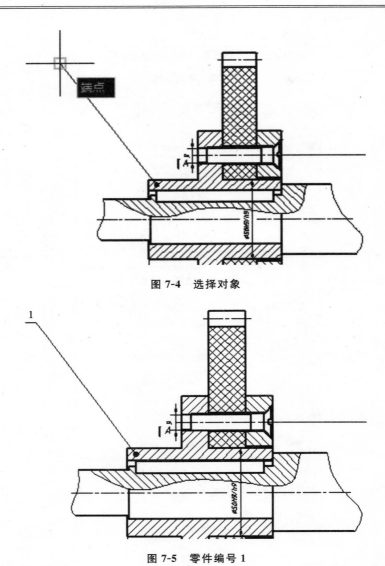

图 7-4　选择对象

图 7-5　零件编号 1

的是,序号一般要对齐以保证装配图的整体观感,因此在编写其他序号时,为了保证编写的序号水平方向或垂直方向对齐,可预先绘制一条直线作为参考或者利用对象追踪的功能进行对齐,如图 7-6 所示。完成所有的零件编号后,结果如图 7-7 所示。按原文件名保存文件,以便下一步的操作。

## 二、编写技术要求

编写图 7-1 中的"技术要求"的内容,其操作步骤如下。

(1)打开已编写了序号的文件。

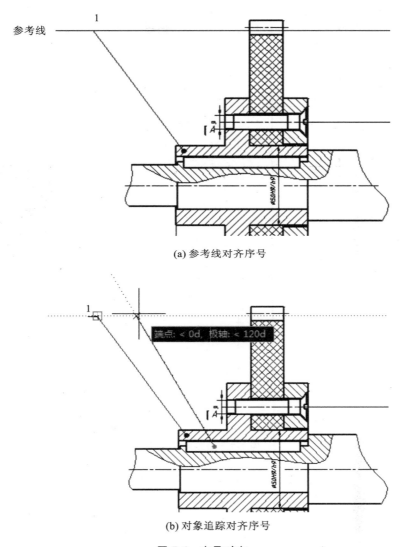

(a) 参考线对齐序号

(b) 对象追踪对齐序号

图 7-6　序号对齐

　　(2) 单击工具图标 **A**,在命令行输入"MT"启动"多行文字"命令,在图中合适的位置用鼠标左键拖曳出一个"矩形文本框",打开多行文字编辑器,编写技术要求,其中"技术要求"的字高为 7,正文字高为 3.5,如图 7-8 所示。

　　(3) 完成文字输入后,在"多行文字编辑器"外部单击左键完成"技术要求"的编写。注意,如果"技术要求"的位置不合适的话,可以通过移动命令来移动到合适位置,完成后以原文件名保存文件。

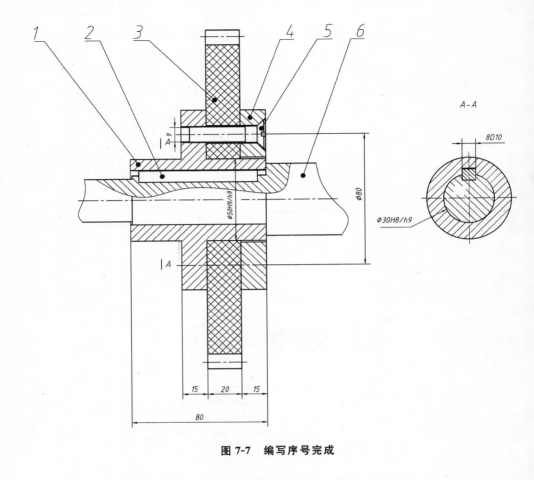

图 7-7　编写序号完成

图 7-8　编写技术要求

## 三、用表格创建明细栏

绘制明细栏可用传统的直线偏移法，此处用 AutoCAD 提供的表格功能完成如图 7-9 所示的明细栏的绘制。其步骤如下。

（1）打开上述步骤完成的装配图"案例 7-1 结构齿轮装配图.dwg"，单击表格

| 6 | 轴 | 1 | 45 | |
| 5 | 螺钉M10×30 | 4 | | GB/T68—2000 |
| 4 | 盖板 | 1 | 45 | |
| 3 | 齿轮 | 1 | 尼龙66 | $m=4$，$z=50$ |
| 2 | 键8×70 | 1 | | GB/T1096—1979 |
| 1 | 轴套 | 1 | 45 | |
| 序号 | 零件名称 | 数量 | 材料 | 备注 |

图 7-9 明细栏

按钮,按图 7-10~图 7-17 所示的步骤完成操作。

① 设置表格样式,如图 7-10 所示。

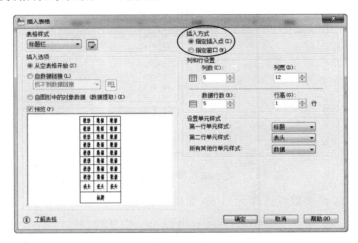

图 7-10 设置表格样式

② 新建表格样式,并命名为"明细栏",如图 7-11 所示。

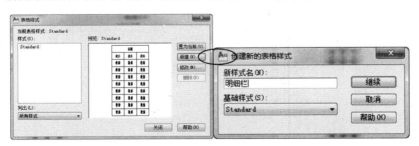

图 7-11 新建表格样式

③ 设置"常规"和"文字"选项卡,如图 7-12 所示。

④ 按"确定"按钮,将"明细栏"置为当前并关闭表格样式对话框,如图 7-13 所示。

(a) "常规"选项卡设置

(b) "文字"选项卡设置

**图 7-12   "常规"和"文字"选项卡设置**

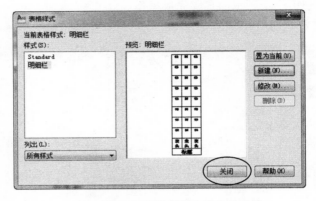

**图 7-13   将明细栏样式置为当前并关闭**

⑤ 设置行数和列数以及单元格式,如图 7-14 所示。

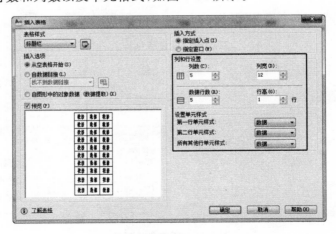

**图 7-14   设置行数和列数以及单元格式**

⑥ 插入"明细栏表格",如图 7-15 所示。

⑦ 修改表格的列宽和行高。将所有行高修改为 8,第二列、第四列和第五列的宽度分别为 58、28 和 30,如图 7-16 所示。

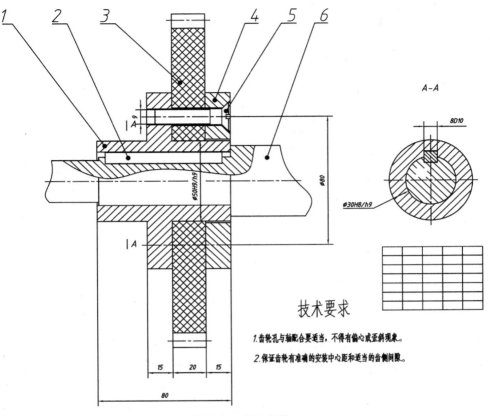

图 7-15　插入表格

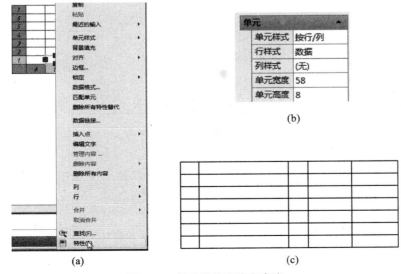

(a)

| 单元 | | ▲ |
|---|---|---|
| 单元样式 | 按行/列 | |
| 行样式 | 数据 | |
| 列样式 | (无) | |
| 单元宽度 | 58 | |
| 单元高度 | 8 | |

(b)

(c)

图 7-16　修改表格宽度和高度

⑧ 输入明细栏内容,如图 7-17 所示。将完成的结果按原文件名保存,以便下一步操作。

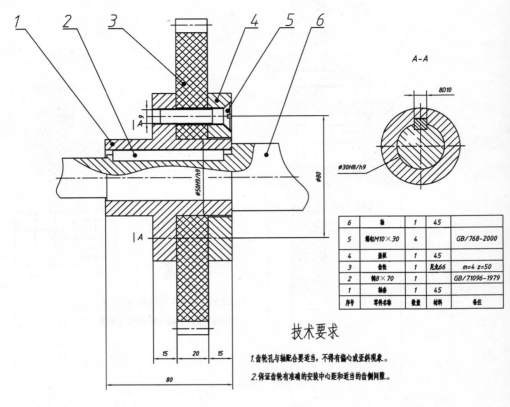

| 6 | 轴 | 1 | 45 | |
|---|---|---|---|---|
| 5 | 螺钉M10×30 | 4 | | GB/768-2000 |
| 4 | 盖板 | 1 | 45 | |
| 3 | 齿轮 | 1 | 尼龙66 | m=4 z=50 |
| 2 | 键8×70 | 1 | | GB/71096-1979 |
| 1 | 轴套 | 1 | 45 | |
| 序号 | 零件名称 | 数量 | 材料 | 备注 |

技术要求

1.齿轮孔与轴配合要适当,不得有偏心或歪斜现象。

2.保证齿轮有准确的安装中心距和适当的齿侧间隙。

图 7-17　输入明细栏内容

## 四、绘制图框并插入标题栏

其步骤如下。

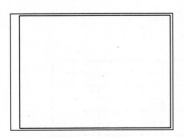

图 7-18　A3 图框

(1)打开上一步完成的文件,绘制 A3 图框 420 ×297,横放预留装订边,如图 7-18 所示。

(2)插入标题栏属性图块,完成标题栏的插入,并输入"名称"和"学校名称",如图 7-19 所示。

(3)调整明细栏的位置,完成结果如图 7-20 所示。

(4)调整装配图和技术要求的位置,保存文件如图 7-1 所示。

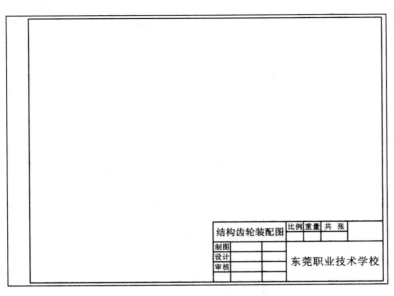

**图 7-19 插入标题栏属性图块**

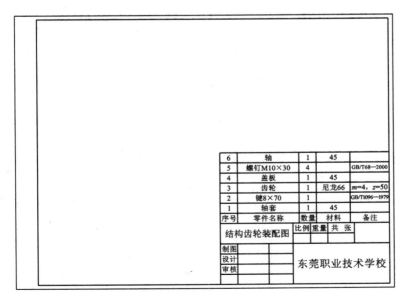

| 6 | 轴 | 1 | 45 | |
|---|---|---|---|---|
| 5 | 螺钉M10×30 | 4 | | GB/T68—2000 |
| 4 | 盖板 | 1 | 45 | |
| 3 | 齿轮 | 1 | 尼龙66 | m=4，z=50 |
| 2 | 键8×70 | 1 | | GB/T1096—1979 |
| 1 | 轴套 | 1 | 45 | |
| 序号 | 零件名称 | 数量 | 材料 | 备注 |

**图 7-20 调整明细栏的位置**

# 任务二　根据零件图绘制千斤顶装配图

本案例将完成千斤顶装配图的绘制,该千斤顶由底座(1个)、螺套(1个)、铰杆(1个)、螺钉(2个)、顶垫(1个)和螺旋杆(1个)共七个零件装配组成。千斤顶是顶起重物的部件,使用时,须按逆时针方向旋转转动铰杆,使螺旋杆向上升起,通过顶垫把重物升起。

## 一、利用拼装法画装配图

由零件图生成装配图类似于组装机器,把机器上的部件按照设计的相互位置关系装配起来。

(1)启动 AutoCAD 软件,新建一个图形文件,命名为"千斤顶装配图.dwg",同时打开提前画好的底座、螺套、铰杆、顶垫、螺旋杆共五个零件图。

(2)打开"案例 7-3 底座.dwg",框选底座的所有视图并按下"Ctrl+C"复制,切换到"千斤顶装配图"窗口,再按"Ctrl+V"粘贴到绘图区域的某个位置。

(3)按照实物的装配顺序,打开"案例 7-3 螺套.dwg",框选"螺套"的所有视图并按下"Ctrl+C"复制,切换到"千斤顶装配图"窗口,再按"Ctrl+V"粘贴到绘图区域的某个位置备用,如图 7-21 所示。

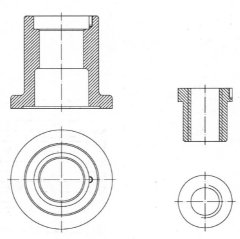

**图 7-21　底座、螺套**

移动螺套的主视图到底座的主视图,注意选择的插入基点的一致性,插入到正确的位置后,要删除多余的线条,包括螺套的中心线以及底座被螺套挡住的线条,如图 7-22 所示。移动螺套的俯视图到底座的俯视图,如图 7-23 所示。

打开"案例 7-3 千斤顶-螺杆.dwg",框选"螺杆"的所有视图并按下"Ctrl+C"复

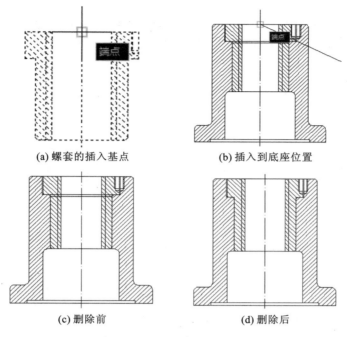

(a) 螺套的插入基点　　　　　　(b) 插入到底座位置

(c) 删除前　　　　　　　　(d) 删除后

图 7-22　将螺套安装到底座的主视图

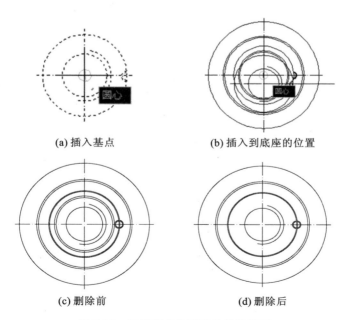

(a) 插入基点　　　　　　　(b) 插入到底座的位置

(c) 删除前　　　　　　　　(d) 删除后

图 7-23　将螺套安装到底座的俯视图

制,切换到"千斤顶装配图"窗口,再按"Ctrl＋V"粘贴到绘图区域的某个位置备用。

按照螺套的拼装步骤完成螺杆的拼装,如图 7-24 所示。

以相同的步骤方法,把顶垫、铰杆、螺钉装到装配图中,最终完成一幅完整的装配图,保存文件,如图 7-25 所示。

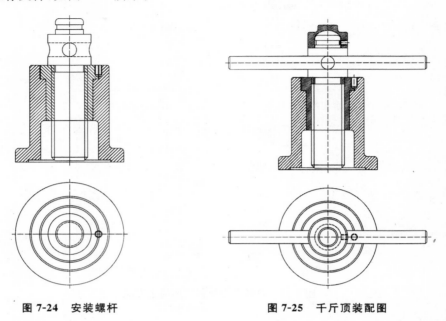

图 7-24　安装螺杆　　　　　　　　　图 7-25　千斤顶装配图

## 二、标注零件序号

删除装配图的剖面线,按照项目七任务一中的编写零件序号的方法,标注"千斤顶装配图"零件序号,完成结果如图 7-26 所示。

## 三、填充剖面线

按照装配图表达的规定,螺钉与螺纹配合表达,旋合部分按螺钉绘制,非旋合部分按各自的视图规定表达,剖面线填充到粗实线位置。完成剖面线填充,保存文件,结果如图 7-27 所示。

## 四、插入标题栏块

绘制 A3 图框 594 mm×420 mm,启动块插入命令,插入"案例 7-2 标题栏属性图块.dwg",把装配图移动到合适位置,如图 7-28 所示。

## 五、调整明细栏表格位置

参看任务一表格使用方法,用表格绘制明细栏,填写内容,并调整明细栏到指定

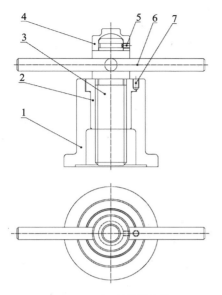

图 7-26　标注零件序号

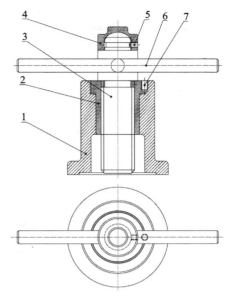

图 7-27　填充剖面线

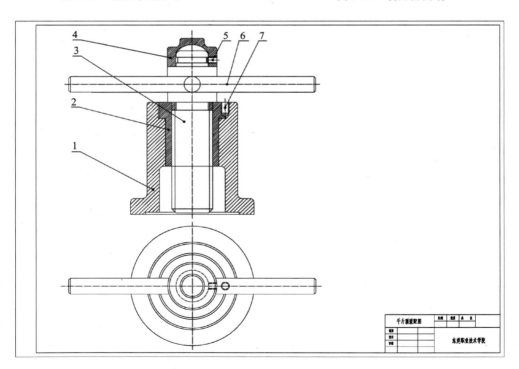

图 7-28

位置,完成结果如图 7-29 所示。

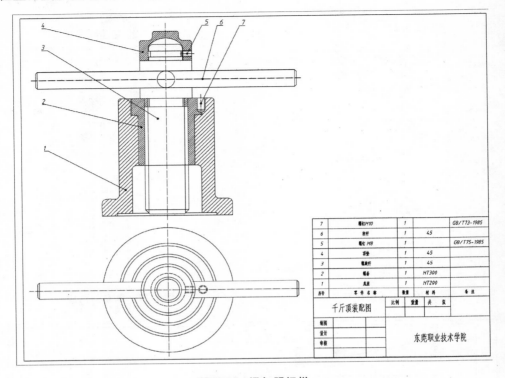

| 7 | 螺钉M10 | 1 | | GB/T73-1985 |
|---|---|---|---|---|
| 6 | 绞杆 | 1 | 45 | |
| 5 | 螺钉 M8 | 1 | | GB/T75-1985 |
| 4 | 顶垫 | 1 | 45 | |
| 3 | 螺旋杆 | 1 | 45 | |
| 2 | 螺套 | 1 | HT300 | |
| 1 | 底座 | 1 | HT200 | |
| 序号 | 零件名称 | 数量 | 材料 | 备注 |

| 千斤顶装配图 | | 比例 | 重量 | 共 | 张 |
|---|---|---|---|---|---|
| 制图 | | | | | |
| 设计 | | 东莞职业技术学院 | | | |
| 审核 | | | | | |

**图 7-29   添加明细栏**

**【项目总结】**

本项目主要介绍了装配图的内容,包括编写零件序号、标题栏的插入、技术要求的编写、使用表格绘制明细栏以及使用零件图拼装绘制装配图。读者在练习过程中,注意掌握每个学习内容的关键操作。

**【思考与上机操作】**

1. 编写零件序号的时候应该注意什么?

2. 如何制作带属性的标题栏图块?

3. 由零件图拼画装配图应该注意什么?

4. 由零件图绘制合页装配图,如图 7-30 所示(零件图文件在配套光盘素材案例 7-4 中)。

5. 由零件图拼画铣刀头装配图,如图 7-31 所示(零件图文件在配套光盘素材案例 7-5 中,标准件需要按明细栏标出的规格查表绘制零件图)。

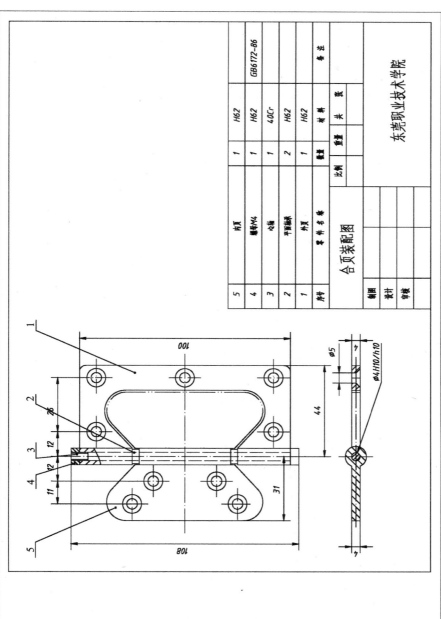

| 序号 | 零件名称 | 数量 | 材料 | 备注 |
|---|---|---|---|---|
| 5 | 内页 | 1 | H62 | |
| 4 | 螺钉M4 | 1 | H62 | GB6172-86 |
| 3 | 心轴 | 1 | 40Cr | |
| 2 | 平圆键 | 2 | H62 | |
| 1 | 外页 | 1 | H62 | |

合页装配图

东莞职业技术学院

图7-30 合页装配图

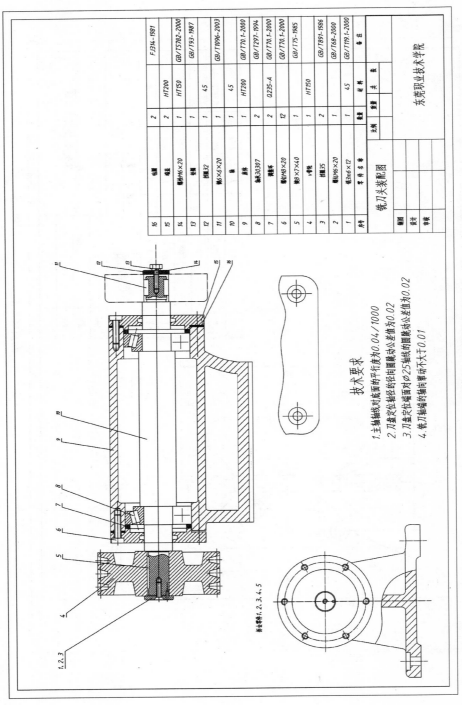

图 7-31 铣刀头装配图

# 项目八　三维实体的绘制

**【学习目标】**

（1）掌握简单三维实体的绘制。

（2）掌握复杂三维实体的绘制。

（3）掌握基本标准件和常用件三维实体的绘制。

**【知识要点】**

（1）在"三维建模"空间用"常用"选项板的"三维建模"绘制简单三维实体。

（2）用"常用"选项板的"三维编辑"绘制复杂三维实体。

（3）基本标准件和常用件三维实体的绘制的绘图技巧。

# 任务一　简单三维实体的绘制

三维图形的绘制在 AutoCAD 中是非常重要的一种功能，在工程制图中经常会用到三维图形，三维图形给人以强烈的真实感。在产品宣传、广告片制作、科研和教学工作中有着不可替代的作用。

## 一、基本几何体三维实体的绘制

单击"长方体"按钮 ▢ 下的三角形，弹出绘制基本几何体下拉菜单，可绘制"长方体"、"圆柱体"、"圆锥体"、"球体"、"棱锥体"、"楔体"、"圆环体"。如绘制长方体操作步骤如下。

（1）在"三维建模"空间，单击"三维导航"下拉菜单中"西南等轴测"按钮，弹出三维直角坐标系；单击"视觉样式"下拉菜单中"真实"按钮。

（2）单击"常用"选项板的"长方体"按钮，在命令行按如下操作，即可画出长 200，宽 100，高 50 的长方体，如图 8-1 所示。

（3）单击上述所绘制的长方体，弹出如图 8-2 所示三维实体快捷特性窗口，在此窗口可选择长方体的颜色、图层等。

## 二、铁轨的绘制

在"AutoCAD 经典"空间，绘制如图 8-3 所示的平面图形，并将它创建面域，转换

图 8-1　长方体

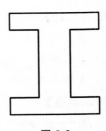

图 8-3

图 8-2　三维实体快捷特性窗口

到"三维建模"工作空间的"西南等轴测"视图中。

（1）单击"常用"选项板的"拉伸"按钮 ，拉伸所创建的面域，如图 8-4 所示。

（2）单击"常用"选项板的"三维旋转"按钮 ，绕 X 轴旋转 90°，如图 8-5 所示。

（3）单击"渲染"选项卡"材质"右下角的箭头，如图 8-6 所示，弹出"材质"窗口，如图 8-7 所示。

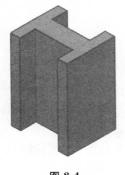

图 8-4

图 8-5

图 8-6

（4）在"材质编辑器"中的"类型"下拉菜单中选择"真实金属"，在"样板"下拉列表中选择"金属"，在"贴图"中"贴图类型"下拉列表选择"渐变延伸"。单击"将材质应用到对象"按钮 ，得到如图 8-8 所示的铁轨。

## 三、圆桌的画法

在"AutoCAD 经典"空间绘制如图 8-9 所示的平面图形，并将它创建面域。转换到"三维建模"工作空间的"西南等轴测"视图中。

　　单击"常用"选项板的"拉伸"按钮  下拉菜单的"旋转"按钮 ，将所创建的面域绕 Y 轴旋转 360°，得到如图 8-10 所示的圆桌。

## 四、拐杖的画法

　　在"AutoCAD 经典"空间绘制如图 8-11 所示的平面图形，转换到"三维建模"工作空间的"西南等轴测"视图中。

　　单击"常用"选项板的"拉伸"按钮 下拉菜单的"扫掠"按钮 ，先选择小圆，再选择扫掠路径，并将它赋予"木材"材质，得到如图 8-12 所示的拐杖。

## 五、花瓶的画法

　　在"三维建模"工作空间的"西南等轴测"视图中，绘制五个不在一个平面上直径不同的圆，如图 8-13 所示。

图 8-7

图 8-8

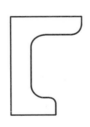

图 8-9

图 8-10

图 8-11

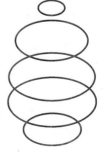

图 8-12

图 8-13

单击"常用"选项板的"拉伸"按钮 ⬛拉伸 下拉菜单的"放样"按钮 放样 ，依次选择上述五个圆，按回车键，弹出如图 8-14 所示的"放样设置"窗口，单击"确定"按钮，调整对象的矢量点，得到如图 8-15 所示的花瓶。

图 8-14 "放样设置"对话框      图 8-15

# 任务二 复杂三维实体的绘制

## 一、立体五角星的绘制

（1）在"AutoCAD 经典"空间，绘制如图 8-16 所示的平面五角星，连接五角星的锐角和钝角，得到图 8-17 所示的图形。

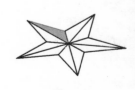

图 8-16           图 8-17           图 8-18

（2）将五角星一个角的一半创建面域，并转换到"三维建模"工作空间的"西南等轴测"视图中，如图 8-18 所示。拉伸此面域如图 8-19 所示。

（3）剖切上述的三棱柱，得到图形如图 8-20 所示，镜像此楔体，并将两对象再并集，得到图形如图 8-21 所示。

（4）以五角星中心为阵列中心，将上述对象环形陈列 5 个，并集后，得到如图 8-22 所示的立体五角星。

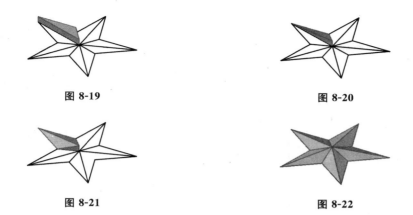

图 8-19

图 8-20

图 8-21

图 8-22

## 二、简单组合体三维实体的绘制

画出如图 8-23 所示的组合体三维立体图操作步骤如下。

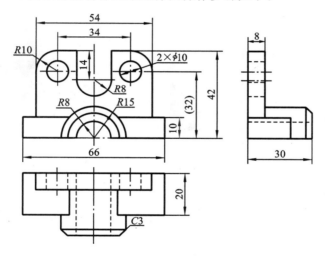

**图 8-23 组合体三视图**

（1）在"三维建模"工作空间的"西南等轴测"视图中,绘制两个长方体,大小分别为 66×20×10、54×8×32,如图 8-24 所示。将竖板后面中心对齐放在下地板上,如图 8-25 所示。

（2）将竖板倒圆角,半径为 10;转换到主视图,以竖板倒圆角的圆心为圆柱底圆圆心,绘制两个底圆半径为 5,高为 8 的小圆柱,并从竖板中剪去此两个小圆柱,如图 8-26 所示。

（3）绘制底圆直径为 8,高为 8 的小圆柱;绘制长为 16,宽为 8,高为 14 的长方体。如图 8-27 所示。将小圆柱以圆心为基点,移动到长方体底边中点,并将小圆柱

图 8-24                         图 8-25                         图 8-26

和长方体做并集,如图 8-28 所示。将它移动到竖板的上底边中心,做差集将它从竖板中剪去,如图 8-29 所示。

　　(4) 以下底板底边中点为圆心,绘制底圆直径为 8,高为 30 的圆柱,做差集将圆柱从下底板中剪去,如图 8-30 所示。

图 8-27                         图 8-28                         图 8-29

　　(5) 绘制两个圆柱体,分别为底圆直径 30、16,高 30,如图 8-31 所示。用移动命令,以圆柱底圆圆心为基准,将小圆柱移动到大圆柱中,并单击"差集"按钮 ⓪,将小圆柱从大圆柱中剪去,如图 8-32 所示。

图 8-30                         图 8-31                         图 8-32

　　(6) 将圆柱倒圆角,半径为 3;并单击"剖切"按钮,将圆柱下单部分剖去,如图 8-33所示。

（7）以底圆圆心为基点，将空心半圆柱移动到图 8-30 的下底板中，单击"并集"按钮 ⌾，将三个对象合并，得到如图 8-34 所示的组合体三维立体图。

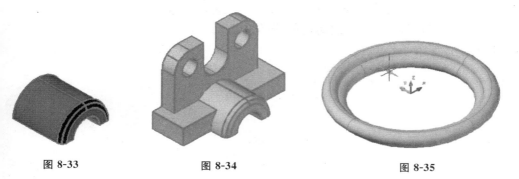

图 8-33　　　　　　　　图 8-34　　　　　　　　图 8-35

## 三、吸顶灯的绘制

其操作步骤如下。

（1）在"三维建模"工作空间的"西南等轴测"视图中，以（0,0,0）为圆心，绘制半径为 300，形成圆半径为 30 的圆环，再以（0,0,－30）为圆心，绘制半径为 270，形成圆半径为 30 的圆环，如图 8-35 所示。

（2）以（0,0,－30）为球心，半径分别为 270、269，绘制如图所示的两个球体，用差集命令将小球体从大球体中剪去，并用剖切命令将上半个球体剖掉，如图 8-36 所示。

（3）将"木材"材质应用到两个圆环对象上，将半透明玻璃应用到半球壳上，得到如图 8-37 所示的吸顶灯。

图 8-36

图 8-37

# 任务三　标准件和常用件三维实体的绘制

## 一、六角螺母的绘制

（1）在"三维建模"工作空间的"西南等轴测"视图中，以（0,0,0）为圆心，绘制直径分别为 4、9 的两个圆,如图 8-38 所示。

　　(2) 拉伸此两圆,高度为 9.4,并用差集将小圆柱从大圆柱中剪去,得到图 8-39所示空心圆柱。

　　(3) 将内圆孔上、下底边倒直角,倒角距离为 1;将外圆柱上、下底边倒圆角,圆角半径为 1,如图 8-40 所示。

　　　　图 8-38　　　　　　　　　　图 8-39　　　　　　　　　　图 8-40

　　(4) 以(0,0,0)为中心点,绘制正六边形,其外切圆半径为 8,并拉伸此正六边形拉伸高度为 12,如图 8-41 所示。

　　(5) 单击"交集"按钮 ⑩,依次选择空心圆柱和六棱柱,并将金属材质应用到此对象上,得到如图 8-42 所示的六角螺母。

　　　　　　图 8-41　　　　　　　　　　　　　　　　图 8-42

## 二、滚动轴承的绘制

　　(1) 在"AutoCAD 经典"空间,绘制如图 8-43 所示的平面图形,并创建三个面域,转换到"三维建模"工作空间的"西南等轴测"视图中,如图 8-44 所示。

　　(2) 将半圆面域绕其直径旋转 360°,得到如图 8-45 所示的滚珠。

　　(3) 将另外两个面域绕直线旋转 360°,得到如图 8-46 所示的内、外圈。

　　(4) 单击"视图"选项卡中的"自由动态观察器"按钮 ⊘,调整观察视角到合适

| 图 8-43 | 图 8-44 | 图 8-45 |

位置,对滚珠进行三维环形阵列,阵列轴为直线,阵列个数为 16,并将金属材质应用到对象,得到如图 8-47 所示的滚动轴承。

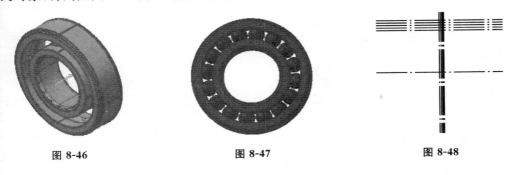

| 图 8-46 | 图 8-47 | 图 8-48 |

## 三、直齿圆柱齿轮的绘制

（1）在"AutoCAD 经典"空间,绘制两条垂直相交,长 159 的中心线;将铅垂方向的中心线依次偏移 1.7612、3.1848、4.1586、4.5271、4.2626,得到五条铅垂方向的辅助线;将水平方向的中心线依次偏移 53、56、59、62、65,得到五条水平方向的辅助线,如图 8-48 所示。

（2）单击"样条曲线"按钮,捕捉上述偏移直线产生的交点,绘制如图 8-49 所示的样条曲线,近似认为齿轮的齿廓。

（3）删除偏移产生的辅助线,以中心线交点为圆心,分别绘制半径为 53.75、65 的两个圆,作为齿根圆和齿顶圆,如图 8-50 所示。

（4）将齿根圆倒圆角,半径为 2,将齿廓镜像,对齿根圆及齿廓进行修剪,如图 8-51 所示。

（5）将齿廓进行环形阵列,阵列个数为 24,将齿根进行修剪,如图 8-52 所示。

（6）在齿轮中,按图 8-53 所示尺寸,绘制平面图形后,删除多余线段如图 8-54 所示。

（7）单击"面域"按钮,选择所有线条,生成 10 个面域,转换到"三维建模"工作空间的"西南等轴测"视图中,用"差集"将 8 个圆和中心圆从齿廓形成的面域中删除,如图 8-55 所示。

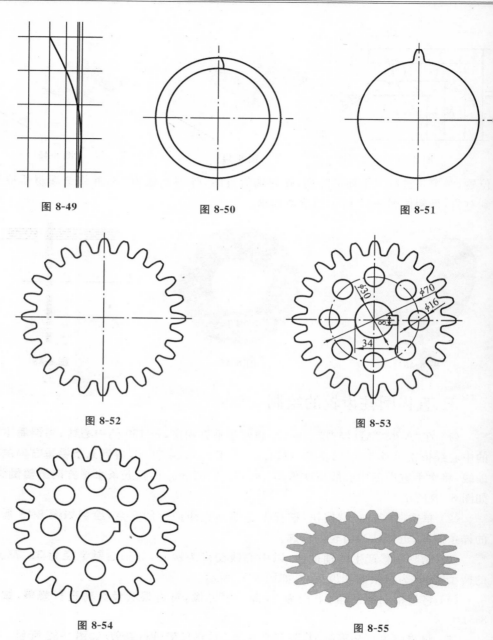

图 8-49

图 8-50

图 8-51

图 8-52

图 8-53

图 8-54

图 8-55

（8）拉伸上述面域，拉伸高度为 30，如图 8-56 所示。

（9）绘制半径分别为 23、47.5 的两个圆，以 9 为高度，拉伸此两圆，用差集将小圆柱从大圆柱中删除，得到如图 8-57 所示的空心圆柱。

（10）复制上述空心圆柱，分别以上、下底圆中心为基点，移动至图 8-56 所示的齿轮上、下底圆中心，并用差集将两个空心圆柱从齿轮中删除，得到如图 8-58 所示的

图 8-56

图 8-57

齿轮。

（11）将金属材质应用到齿轮上，用自由动态观察器调整位置，得到如图 8-59 所示的直齿圆柱齿轮。

图 8-58

图 8-59

【项目总结】

通过本项目的学习，学习了绘制三维立体的基本方法；学会了在"AutoCAD 经典"空间和"三维建模"工作空间中转换，使绘图简便、效率更高；学习了三维立体的编辑方法；还学会了绘制标准件和常用件的技巧。

【思考与上机操作】

根据项目三中思考与上机操作的图 3-24 至图 3-39 所示尺寸的平面图形，绘制其三维立体图。

# 项目九 图形输出

【学习目标】

(1) 了解模型空间与图纸空间的作用。

(2) 掌握在模型空间中打印图样的设置。

(3) 掌握在图纸空间中通过布局进行打印的设置。

【知识要点】

(1) 在模型空间中打印图样的设置方法。

(2) 掌握在图纸空间中通过布局进行打印的设置方法。

## 任务一 在模型空间打印图形

模型空间是完成绘图和设计工作的空间,它可以进行二维图形的绘制和三维实体的造型,因此在使用 AutoCAD 时,首选工作空间应是模型空间。

本任务以打印如图 9-1 所示零件图为例,介绍模型空间与图纸空间、打印设置等知识。

### 一、打印设置

在模型空间中进行打印设置,操作步骤如下。

(1) 单击"输出"→"打印"按钮,系统弹出"打印-模型"对话框,如图 9-2 所示。

(2) 在"打印机/绘图仪"区的"名称"下拉列表中选择打印机,如果计算机已安装有打印机,则选已安装的打印机;如未安装,则选虚拟打印机(本例选用 DWF6 ePlot. pc3),如图 9-2 所示。

(3) 在"图纸尺寸"区中选择图纸尺寸,本例选择"ISO A3"(420×297)尺寸。

(4) 在"打印区域"区的"打印范围"下拉列表中选择"窗口",系统切换到绘图窗口,选择图形的左上角点和右下角点以确定要打印的图纸范围。

(5) 在"打印比例"区,单位选择为"毫米"。在审阅草图时,通常不需要精确的比例。可以使用"布满图纸"选项,按照能够布满图纸的最大可能尺寸打印视图。AutoCAD 将自动使图形的高度和宽度与图纸的高度和宽度相适应。

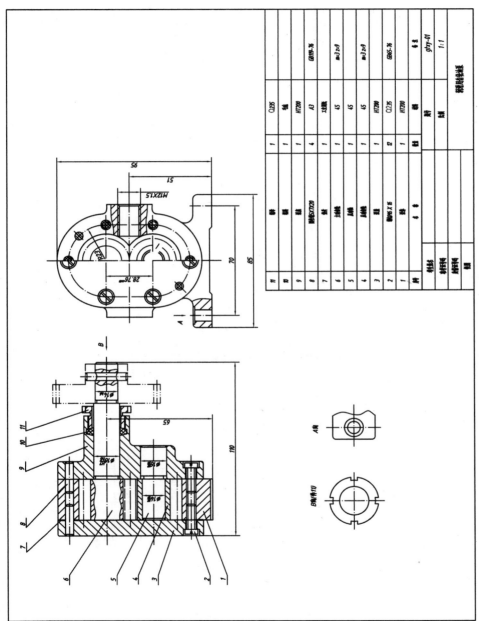

图 9-1 齿轮油泵装配图

图 9-2　"打印-模型"对话框

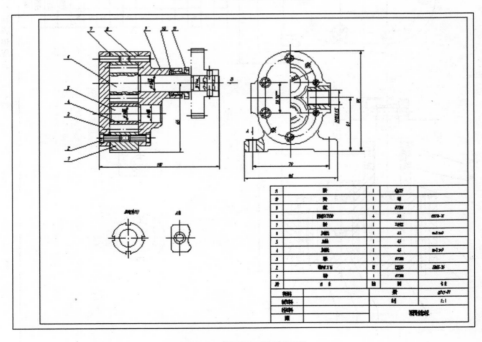

图 9-3　预览打印的图纸

（6）在"打印偏移"区选择"居中打印"。

（7）单击"预览"，如符合要求，则在预览图中右击,弹出菜单,选择"打印";若不符合要求,则选择"退出",返回对话框,重新设置参数。

## 二、页面设置的内容

### 1.页面设置的启动

(1)菜单命令:"输出"→"页面设置管理器"。

(2)右击"模型"选项卡,在弹出的快捷菜单中选择"页面设置管理器"执行命令后,弹出"页面设置管理器"对话框,如图 9-4 所示。

**图 9-4　"页面设置管理器"对话框**

**图 9-5　"新建页面设置"对话框**

### 2.对话框中各选项的含义

(1)"新建"　单击此按钮,打开"新建页面设置"对话框,如图 9-5 所示。

(2)"修改"　单击修改按钮,打开"页面设置"对话框,如图 9-6 所示。

**图 9-6　"页面设置-模型"对话框**

# 任务二  在图形空间打印图形

图形空间是设置和管理视图的工作空间,在图纸空间中视图被作为对象来看待,以展示模型不同部分,每个窗口中的视图可独立编辑,画成不同比例。

图纸空间可以模拟图样界面,用于在绘图之前或之后安排图形的输出布局。在图样输出之前都需要在图纸空间中对图样进行适当处理,这样可以在一张图样上输出图形的多个视图。

## 一、创建一个布局

单击绘图区域左下方的“布局 1”或“布局 2”,弹出一个窗口,虚线框内为图形打印的有效区域,如图 9-7 所示,打印时虚线框不会被打印。

## 二、布局页面设置

(1) 单击“输出”→“页面设置管理器”或右击“布局 1”,选择“页面设置管理器”,弹出如图 9-8 所示“页面设置管理器”对话框。单击“修改”,弹出如图 9-9 所示“页面设置-布局 1”对话框。

(2) 在“打印机/绘图仪”区的“名称”中选择打印机,如果计算机已安装有打印机,则选已安装的打印机;如未安装,则选虚拟打印机(本例选用 DWF6 ePlot. pc3)。

(3) 单击“特性”进入“绘图仪配置编辑器”修改图纸尺寸(选择 ISO A3(420.00 ×297.00)),如图 9-10 所示。

(4) 选择“用户定义图纸尺寸与校准”中的“修改标准图纸尺寸(可打印区域)”在“修改标准图纸尺寸(Z)”对话框中选择与图纸一样尺寸(选择 ISO A3(420.00 × 297.00)),如图 9-11 所示。

(5) 单击“修改”按钮,进入“自定义图纸尺寸—可打印区域”对话框,修改“上”、“下”、“左”、“右”四个边距的尺寸,改为“0”。修改完成后,此时图纸上的虚线框的大小和图纸的大小一样大。如图 9-12 所示。

(6) 创建好布局图,并完成页面设置后,就可以对布局图上图形对象的位置和大小进行调整和布置。

(7) 布局图中存在三个边界,最外边是图纸边界,虚线线框是打印边界,图形对象四周的线框是视口边界,上述已将图纸边界与虚线框边界设置成一致,但视口边界被作为图形对象打印。可以利用夹点拉伸调整视口的位置,单击视口边界,四个角上出现夹点,用鼠标拖动四个夹点为分别到图纸空间的四个角点,视口大小与图纸一样大小。调整视口中所要出图的图纸比例,修改完成后的图纸空间样式如图 9-13 所示。

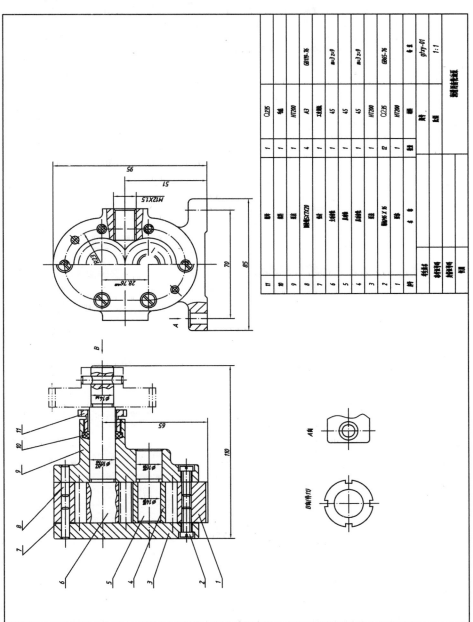

图 9-7　创建的布局

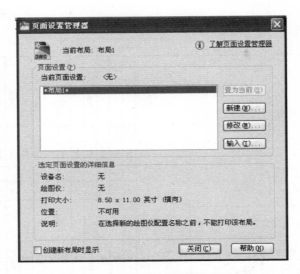

图 9-8　"页面设置管理器"对话框

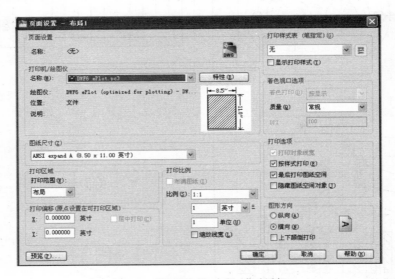

图 9-9　"页面设置-布局 1"对话框

## 三、打印预览

在进行打印之前,要预览一下打印的图形,以便检查设置是否完全正确,图形布置是否合理。调用命令的方式为:"输出"→"打印"→"打印预览"。

图 9-10　绘图仪配置编辑器(选择图纸尺寸)

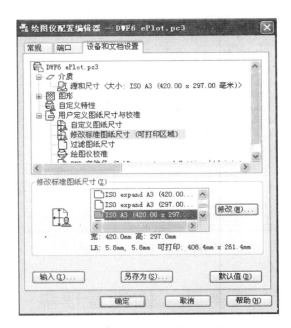

图 9-11　绘图仪配置编辑器(修改标准图纸尺寸)

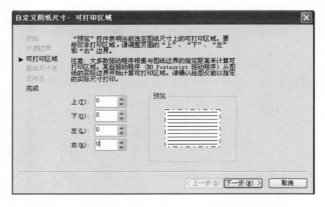

图 9-12 "自定义图纸尺寸-可打印区域"对话框

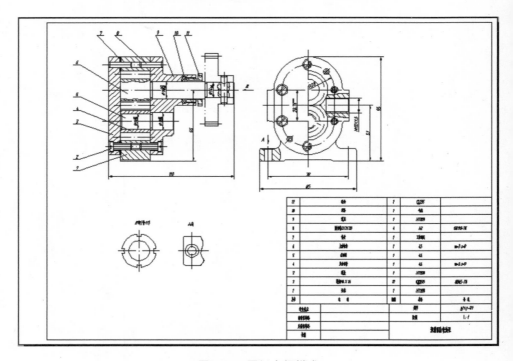

图 9-13 图纸空间样式

# 任务三 图纸管理集

## 一、创建图纸管理集

如果用户经常需要在不同的打印设备上打印不同尺寸的图纸,则可以使用图纸集管理器，为常用的打印系统配置不同的打印机设置，然后通过快捷菜单调出这些设置，如图 9-14 所示。

可以使用"创建图纸集"向导来创建图纸集。创建时，既可以基于现有的图形从头开始创建图纸集，也可以使用图纸集样例作为样板进行创建。

创建图纸集有两种途径：从图纸集样例创建图纸集和从现有的图形创建图纸集。创建图纸集的步骤如下。

（1）单击"视图"→"图纸集管理器"→"新建图纸集"，打开"创建图纸集-开始"对话框，选择"样例图纸集"单选按钮，单击"下一步"按钮，如图 9-15 所示。

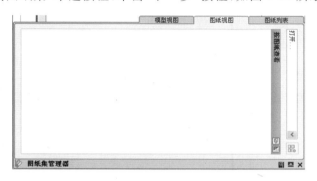

图 9-14　图纸集管理器

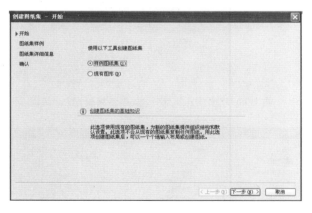

图 9-15　"创建图纸集-开始"对话框

（2）在"创建图纸集"对话框的图纸集列表中选择一个图纸集样例，单击"下一步"按钮，弹出"创建图纸集-图纸集样例"对话框，如图 9-16 所示。在"创建图纸集-图纸集详细信息"对话框中，显示了当前所创建图纸集的名称、相关说明和存储路径信息，如图 9-17 所示，可根据需要更改名称及存储路径，单击"下一步"按钮。

（3）在"创建图纸集-确认"对话框中列出了新建图纸集的所有相关信息，如图 9-18 所示，单击"完成"按钮，完成图纸集的创建。

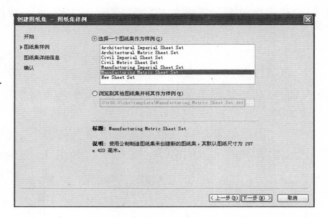

图 9-16 "创建图纸集-图纸集样例"对话框

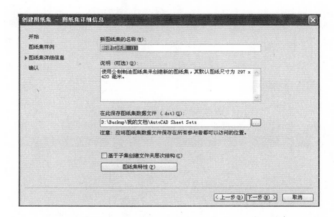

图 9-17 "创建图纸集-图纸集详细信息"对话框

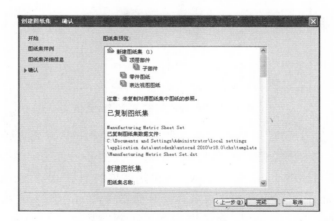

图 9-18 "创建图纸集-确认"对话框

## 二、发布图纸集

AutoCAD 自带发布电子图纸集功能。通过图纸集管理器可以轻松地发布整个图纸集、图纸集子集或单张图纸。在图纸集管理器中发布图纸集比使用"发布"对话框发布图纸集更快捷。从图纸集管理器中发布时,既可以发布电子图纸集(发布至 DWF 或 DWFx 文件),也可以发布图纸集(发布至与每张图纸相关联的页面设置中指定的绘图仪)。

在 AutoCAD 2010 工作空间中发布图纸集时,单击"菜单浏览器"→"工具"→"选项板"→"图纸集管理器",打开"图纸集管理器"选项板。在该选项板的"图纸选项卡"下选择图纸集、子集或图纸,再在"图纸集管理器"选项板的右上角单击"发布"按钮,弹出快捷菜单,选择所需的发布方式进行发布即可。

## 三、三维 DWF

使用三维 DWF 用户可以创建和发布三维模型的 DWF 文件,并且可以使用 Autodesk DWF Viewer 查看这些。

单击"输出"→"批处理打印"→"发布",打开"发布"对话框,如图 9-19 所示。在"发布"对话框中,可以选择多个操作对象,选择完毕后,单击"发布"按钮可以发布。

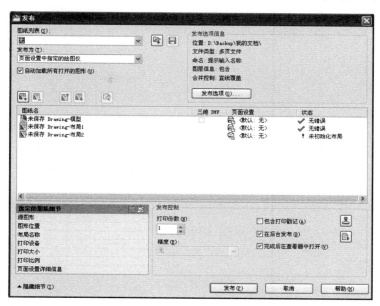

图 9-19 "发布"对话框

【项目总结】

本项目主要讲述图形的输出设置,用户可以在图形绘制完成之后对其进行输出。

图形输出格式的设置需要针对具体要求来确定。

**【思考与上机操作】**

1. 分别在模型空间和图形空间输出如图 9-1 所示的装配图。

# 附录 A  制图员国家职业标准

## 1. 职业概况

### 1.1  职业名称
制图员。

### 1.2  职业定义
使用绘图仪器、设备，根据工程或产品的设计方案、草图和技术性说明，绘制其正图（原图）、底图及其他技术图样的人员。

### 1.3  职业等级
本职业共设四个等级，分别为：初级（国家职业资格五级）、中级（国家职业资格四级）、高级（国家职业资格三级）、技师（国家职业资格二级）。

### 1.4  职业环境
室内，常温。

### 1.5  职业能力特征
具有一定的空间想象、语言表达、计算能力；手指灵活、色觉正常。

### 1.6  基本文化程度
高中毕业（或同等学力）。

### 1.7  培训要求

#### 1.7.1  培训期限
全日制职业学校教育，根据其培养目标和教学计划确定。晋级培训期限：初级不少于 200 标准学时；中级不少于 350 标准学时；高级不少于 500 标准学时；技师不少于 800 标准学时。

#### 1.7.2  培训教师
培训初级制图员的教师应具有本职业高级以上职业资格证书；培训中、高级制图员的教师应具有本职业技师职业资格证书或相关专业中级以上专业技术职务任职资格；培训技师的教师应具有本职业技师职业资格证书 3 年以上或相关专业高级专业技术职务任职资格。

#### 1.7.3  培训场地设备
采光、照明良好的教室；绘图工具、设备及计算机。

1.8 鉴定要求

1.8.1 适用对象

从事或准备从事本职业的人员。

1.8.2 申报条件

——初级（具备以下条件之一者）

（1）经本职业初级正规培训达规定标准学时数，并取得毕（结）业证书。

（2）在本职业连续见习工作 2 年以上。

（3）本职业学徒期满。

——中级（具备以下条件之一者）

（1）取得本职业初级职业资格证书后，连续从事本职业工作 2 年以上，经本职业中级正规培训达规定标准学时数，并取得毕（结）业证书。

（2）取得本职业初级职业资格证书后，连续从事本职业工作 3 年以上。

（3）连续从事本职业工作 5 年以上。

（4）取得经劳动保障行政部门审核认定的、以中级技能为培养目标的中等以上职业学校本职业（专业）毕业证书。

——高级（具备以下条件之一者）

（1）取得本职业中级职业资格证书后，连续从事本职业工作 2 年以上，经本职业高级正规培训达规定标准学时数，并取得毕（结）业证书。

（2）取得本职业中级职业资格证书后，连续从事本职业工作 3 年以上。

（3）取得高级技工学校或经劳动保障行政部门审核认定的、以高级技能为培养目标的高等职业学校本职业（专业）毕业证书。

（4）取得本职业中级职业资格证书的大专以上本专业或相关专业毕业生，连续从事本职业工作 2 年以上。

——技师（具备以下条件之一者）

（1）取得本职业高级职业资格证书后，连续从事本职业工作 3 年以上，经本职业技师正规培训达规定标准学时数，并取得毕（结）业证书。

（2）取得本职业高级职业资格证书后，连续从事本职业工作 5 年以上。

（3）取得本职业高级职业资格证书的高级技工学校本职业（专业）毕业生，连续从事本职业工作 2 年以上。

1.8.3 鉴定方式

分为理论知识考试和技能操作考核。理论知识考试采用闭卷笔试方式，技能操作考核采用现场实际操作方式。理论知识考试和技能操作考核均实行百分制，成绩皆达 60 分以上者为合格。技师还须进行综合评审。

1.8.4 考评人员与考生配比

理论知识考试考评人员与考生配比为 1∶15，每个标准教室不少于 2 名考评人员;技能操作考核考评员与考生配比为1∶5,且不少于3名考评员。

1.8.5 鉴定时间

理论知识考试时间为120 min;技能操作考核时间为180 min。

1.8.6 鉴定场所设备

理论知识考试:采光、照明良好的教室。

技能操作考核:计算机、绘图软件及图形输出设备。

# 2. 基本要求

2.1 职业道德

2.1.1 职业道德基本知识

2.1.2 职业守则

(1)忠于职守,爱岗敬业。

(2)讲究质量,注重信誉。

(3)积极进取,团结协作。

(4)遵纪守法,讲究公德。

2.2 基础知识

2.2.1 制图的基本知识

(1)国家标准制图的基本知识。

(2)绘图仪器及工具的使用与维护知识。

2.2.2 投影法的基本知识

(1)投影法的概念。

(2)工程常用的投影法知识。

2.2.3 计算机绘图的基本知识

(1)计算机绘图系统硬件的构成原理。

(2)计算机绘图的软件类型。

2.2.4 专业图样的基本知识

2.2.5 相关法律、法规知识

(1)劳动法的相关知识。

(2)技术制图的标准。

# 3. 工作要求

本标准对初级、中级、高级和技师的技能要求依次递进,高级别包括低级别的要求。

## 3.1 初级

| 职业功能 | 工作内容 | 技能要求 | 相关知识 |
|---|---|---|---|
| 一、绘制二维图 | (一)描图 | 能描绘墨线图 | 描图的知识 |
| | (二)手工绘图(可根据申报专业任选一种) | 机械图:<br>1. 能绘制内、外螺纹及其连接图<br>2. 能绘制和阅读轴类、盘盖类零件图 | 1. 几何绘图知识<br>2. 三视图投影知识<br>3. 绘制视图、剖视图、断面图的知识 |
| | | 土建图:<br>1. 能识别并绘制常用的建筑材料图例<br>2. 能绘制和阅读单层房屋的建筑施工图 | 1. 尺寸标注的知识<br>2. 专业图的知识 |
| | (三)计算机绘图 | 1. 能使用一种软件绘制简单的二维图形并标注尺寸<br>2. 能使用打印机或绘图机输出图纸 | 1. 调出图框、标题栏的知识<br>2. 绘制直线、曲线的知识<br>3. 曲线编辑的知识<br>4. 文字标注的知识 |
| 二、绘制三维图 | 描图 | 能描绘正等轴测图 | 绘制正等轴测图的基本知识 |
| 三、图档管理 | (一)图纸折叠 | 能按要求折叠图纸 | 折叠图纸的要求 |
| | (二)图纸装订 | 能按要求将图纸装订成册 | 装订图纸的要求 |

## 3.2 中级

| 职业功能 | 工作内容 | 技能要求 | 相关知识 |
|---|---|---|---|
| 一、绘制二维图 | (一)手工绘图(可根据申报专业任选一种) | 机械图:<br>1. 能绘制螺纹连接的装配图<br>2. 能绘制和阅读支架类零件图<br>3. 能绘制和阅读箱体类零件图<br>土建图:<br>1. 能识别常用建筑构、配件的代(符)号<br>2. 能绘制和阅读楼房的建筑施工图 | 1. 截交线的绘图知识<br>2. 绘制相贯线的知识<br>3. 一次变换投影面的知识<br>4. 组合体的知识 |
| | (二)计算机绘图 | 能绘制简单的二维专业图形 | 1. 图层设置的知识<br>2. 工程标注的知识<br>3. 调用图符的知识<br>4. 属性查询的知识 |

续表

| 职业功能 | 工作内容 | 技能要求 | 相关知识 |
|---|---|---|---|
| 二、绘制三维图 | (一)描图 | 1. 能够描绘斜二测图<br>2. 能够描绘正二测图 | 1. 绘制斜二测图的知识<br>2. 绘制正二测图的知识 |
|  | (二)手工绘制轴测图 | 1. 能绘制正等轴测图<br>2. 能绘制正等轴测剖视图 | 1. 绘制正等轴测图的知识<br>2. 绘制正等轴测剖视图的知识 |
| 三、图档管理 | 软件管理 | 能使用软件对成套图纸进行管理 | 管理软件的使用知识 |

## 3.3　高级

| 职业功能 | 工作内容 | 技能要求 | 相关知识 |
|---|---|---|---|
| 一、绘制二维图 | (一)手工绘图(可根据申报专业任选一种) | 机械图:<br>1. 能绘制各种标准件和常用件<br>2. 能绘制和阅读不少于 15 个零件的装配图<br>土建图:<br>1. 能绘制钢筋混凝土结构图<br>2. 能绘制钢结构图 | 1. 变换投影面的知识<br>2. 绘制两回转体轴线垂直交叉相贯线的知识 |
|  | (二)手工绘制草图 | 机械图:<br>能绘制箱体类零件草图<br>土建图:<br>1. 能绘制单层房屋的建筑施工草图<br>2. 能绘制简单效果图 | 1. 测量工具的使用知识<br>2. 绘制专业示意图的知识 |
|  | (三)计算机绘图(可根据申报专业任选一种) | 机械图:<br>1. 能根据零件图绘制装配图<br>2. 能根据装配图绘制零件图<br>土建图<br>能绘制房屋建筑施工图 | 1. 图块制作和调用的知识<br>2. 图库的使用知识<br>3. 属性修改的知识 |
| 二、绘制三维图 | 手工绘制轴测图 | 1. 能绘制轴测图<br>2. 能绘制轴测剖视图 | 1. 手工绘制轴测图的知识<br>2. 手工绘制轴测剖视图的知识 |
| 三、图档管理 | 图纸归档管理 | 能对成套图纸进行分类、编号 | 专业图档的管理知识 |

## 3.4 技师

| 职业功能 | 工作内容 | 技能要求 | 相关知识 |
|---|---|---|---|
| 一、绘制二维图 | (一)手工绘制专业图(可根据申报专业任选一种) | 机械图：<br>能绘制和阅读各种机械图<br>土建图：<br>能绘制和阅读各种建筑施工图样 | 机械图样或建筑施工图样的知识 |
| | (二)手工绘制展开图 | 1. 能绘制变形接头的展开图<br>2. 能绘制等径变管的展开图 | 绘制展开图的知识 |
| 二、绘制三维图 | (一)手工绘图(可根据申报专业任选一种) | 机械图：<br>能润饰轴测图<br>土建图：<br>1. 能绘制房屋透视图<br>2. 能绘制透视图的阴影 | 1. 润饰轴测图的知识<br>2. 透视图的知识<br>3. 阴影的知识 |
| | (二)计算机绘图(可根据申报专业任选一种) | 能根据二维图创建三维模型<br>机械类：<br>1. 能创建各种零件的三维模型<br>2. 能创建装配体的三维模型<br>3. 能创建装配体的三维分解模型<br>4. 能将三维模型转化为二维工程图<br>5. 能创建曲面的三维模型<br>6. 能渲染三维模型<br>土建类：<br>1. 能创建房屋的三维模型<br>2. 能创建室内装修的三维模型<br>3. 能创建土建常用曲面的三维模型<br>4. 能将三维模型转化为二维施工图<br>5. 能渲染三维模型 | 1. 创建三维模型的知识<br>2. 渲染三维模型的知识 |
| 三、转换不同标准体系的图样 | 第一角和第三角投影图的相互转换 | 能对第三角表示法和第一角表示法做相互转换 | 第三角投影法的知识 |
| 四、指导与培训 | 业务培训 | 1. 能指导初、中、高级制图员的工作,并进行业务培训<br>2. 能编写初、中、高级制图员的培训教材 | 1. 制图员培训的知识<br>2. 教材编写的常识 |

# 4. 比重表

## 4.1 理论知识

| 项　　目 | | | 初级(%) | 中级(%) | 高级(%) | 技师(%) |
|---|---|---|---|---|---|---|
| 基本要求 | 职业道德 | | 5 | 5 | 5 | 5 |
| | 基础知识 | | 25 | 15 | 15 | 15 |
| 相关知识 | 绘制二维图 | 描图 | 5 | — | — | — |
| | | 手工绘图 | 40 | 30 | 30 | 5 |
| | | 计算机绘图 | 5 | 5 | 5 | — |
| | | 手工绘制草图 | — | — | — | 10 |
| | | 手工绘制专业图 | 10 | 15 | 15 | 15 |
| | | 手工绘制展开图 | — | — | — | 10 |
| | 绘制三维图 | 描图 | 5 | 5 | — | — |
| | | 手工绘制轴测图 | — | 20 | 15 | 5 |
| | | 手工绘图 | — | — | — | 25 |
| | | 计算机绘图 | — | — | — | 10 |
| | 图档管理 | 图纸折叠 | 3 | — | — | — |
| | | 图纸装订 | 2 | — | — | — |
| | | 软件管理 | — | 5 | — | — |
| | | 图纸归档管理 | — | — | 5 | — |
| | 转换不同标准体系的图样 | 第一角和第三角投影图的相互转换 | — | — | — | 5 |
| | 指导与培训 | 业务培训 | — | — | — | 5 |
| 合计 | | | 100 | 100 | 100 | 100 |

## 4.2 技能操作

| 项　目 | | | 初级（%） | 中级（%） | 高级（%） | 技师（%） |
|---|---|---|---|---|---|---|
| 相关知识 | 绘制二维图 | 描图 | 5 | — | — | — |
| | | 手工绘图 | 22 | 20 | 15 | — |
| | | 计算机绘图 | 55 | 55 | 60 | — |
| | | 手工绘制草图 | — | — | 15 | — |
| | | 手工绘制专业图 | — | — | — | 25 |
| | | 手工绘制展开图 | — | — | — | 20 |
| | 绘制三维图 | 描图 | 13 | 5 | — | — |
| | | 手工绘制轴测图 | — | 15 | 5 | — |
| | | 手工绘图 | — | — | — | 5 |
| | | 计算机绘图 | — | — | — | 35 |
| | 图档管理 | 图纸折叠 | 3 | — | — | — |
| | | 图纸装订 | 2 | — | — | — |
| | | 软件管理 | — | 5 | — | — |
| | | 图纸归档管理 | — | — | 5 | — |
| | 转换不同标准体系的图样 | 第一角和第三角投影图的相互转换 | — | — | — | 10 |
| | 指导与培训 | 业务培训 | — | — | — | 5 |
| 合计 | | | 100 | 100 | 100 | 100 |

# 附录 B 机电、机械类用国家职业技能鉴定统一考试试卷

中级制图员《计算机绘图》测试试卷（B）

1.在A3图幅内绘制全部图形，用粗实线画边框（400mm×277mm），按尺寸在右下角绘制标题栏，在对应框内填写姓名和考号，字高为3.5mm。(10分)
2.按标注尺寸绘制下图，并标注尺寸。(20分)

3.按标注尺寸抄主、左视图，补画俯视图(不标注尺寸)。(30分)

4.按标注尺寸抄画零件图，并标全尺寸和粗糙度。(40分)

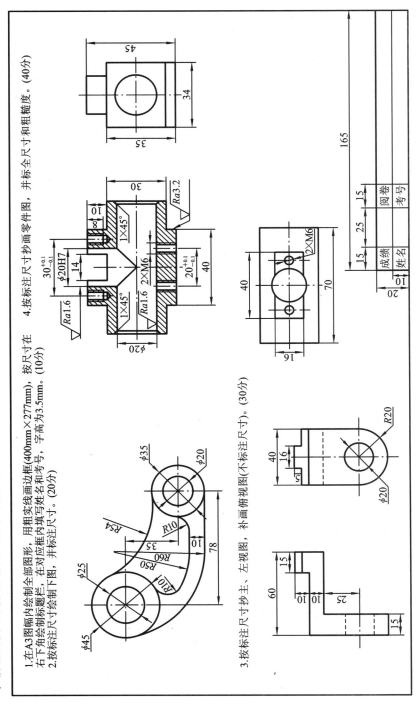

中级制图员《计算机绘图》测试试卷（C）

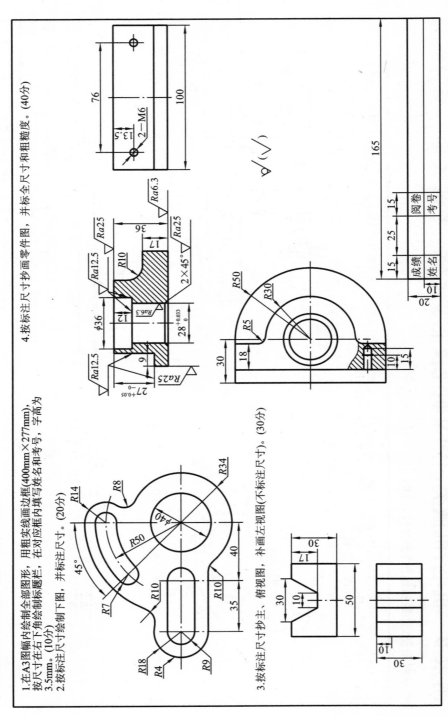

中级制图员《计算机绘图》测试试卷（D）

1.在A3图幅内绘制全部图形，用粗实线画边框(400 mm×277 mm)，按尺寸在右下角绘制标题栏，在对应框内填写姓名和考号，字高为3.5 mm。(10分)

2.按标注尺寸绘制下图，并标注尺寸。(20分)

3.按标注尺寸抄主、左视图，补画俯视图(不标注尺寸)。(30分)

4.按标注尺寸抄画零件图，并标全尺寸和粗糙度。(40分)

其余 $\sqrt{Ra25}$

3×φ8
EQS

## 中级制图员《计算机绘图》测试试卷（E）

1.在A3图幅内绘制全部图形，用粗实线画边框（400mm×277mm），按尺寸在右下角绘制标题栏，在对应框内填写姓名和考号，字高为3.5mm。(10分)

2.按标注尺寸绘制下图，并标注尺寸。(20分)

3.按标注尺寸抄画主、俯视图，补画左视图(不标注尺寸)。(30分)

4.按标注尺寸抄画零件图，并标全尺寸和粗糙度。(40分)

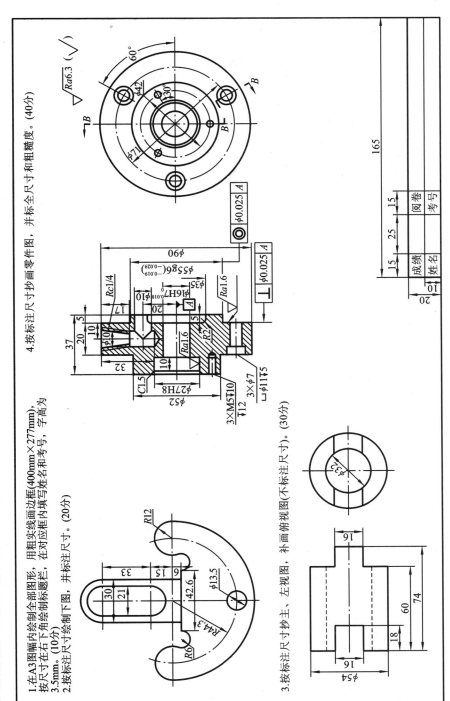

中级制图员《计算机绘图》测试试卷（F）

1.在A3图幅内绘制全部图形，用粗实线画边框(400mm×277mm)，按尺寸在右下角绘制标题栏，在对应框内填写姓名和考号，字高为3.5mm。(10分)

2.按标注尺寸绘制下图，并标注尺寸。(20分)

3.按标注尺寸抄主、左视图，补画俯视图(不标注尺寸)。(30分)

4.按标注尺寸抄画零件图，并标全尺寸和粗糙度。(40分)

# 参 考 文 献

［1］侯玉荣.计算机绘图实例教程［M］.武汉:华中科技大学出版社,2012.

［2］吴巨龙.计算机绘图教程［M］.上海:上海交通大学出版社,2012.

［3］于梅,滕雪梅.AutoCAD 2010 机械制图实训教程［M］.北京:机械工业出版社,2013.

［4］邓逍荣.AutoCAD 白金教程［M］.武汉:华中科技大学出版社,2011.

［5］宋巧莲.机械制图与 AutoCAD 绘图［M］.北京:机械工业出版社,2011.

［6］郑贞平.AutoCAD 2010 基础与实例教程［M］.北京:机械工业出版社,2011.